Gabriele Müller

Warum tut sie das?

Müller Rüschlikon

Einbandgestaltung: Kornelia Erlewein

Alle Fotos: Sylvia Born, www.sylviaborntierfoto.de

Alle Angaben in diesem Buch wurden nach bestem Wissen und Gewissen gemacht. Sie entbinden den Katzenhalter nicht von der Eigenverantwortung für sein Tier. Für einen eventuellen Missbrauch der Informationen in diesem Buch können weder die Autorin noch der Verlag oder die Vertreiber des Buches zur Verantwortung gezogen werden. Eine Haftung für Personen-, Sach- und Vermögensschäden ist ausgeschlossen.

ISBN 978-3-275-01865-9

Postfach 103743, 70032 Stuttgart
Ein Unternehmen der Paul Pietsch Verlage GmbH & Co. KG
Lizenznehmer der Bucheli Verlags AG, Baarerstr. 43, CH-6304 Zug

1. Auflage 2012

Sie finden uns im Internet unter www.mueller-rueschlikon-verlag.de

Lektorat: Claudia König
Innengestaltung: Kornelia Erlewein
Druck und Bindung: Graspo CZ, 76302 Zlin
Printed in Czech Republic

Ja, warum tut sie denn das?

Inhalt

Kapitel 4

Kapitel 5

Kapitel 6

Kapitel 7

Kapitel 8

Kapitel 9

Liebe ein Leben lang.

Damit Ihre Katze glücklich ist

Katzenbesitzer tun viel, um ihr Tier glücklich zu machen. Sie kaufen hübsches buntes Spielzeug, besonders leckeres Futter, einen großen Kratzbaum mit Leomuster, eine Designertoilette. Sie überlegen lange und sorgfältig, ob die Katze nicht doch Freigang bekommen könnte und gehen sogar mit ihr spazieren. Sie erwägen, ob ein neuer Artgenosse der eigenen Samtpfote gegen die Langeweile helfen könnte. Sie versuchen, einer trauernden Katze mit einem neuen Katzenkind mehr Lebensmut zu geben, oder nehmen einen Notfall in ihr Katzenrudel auf, der sonst im Tierheim landen würde. Das ist alles gut gemeint – und doch benutzt so manche Samtpfote das Sofa oder den Lieblingssessel als Toilette. Eine andere versteckt sich vor dem Katzenkind und will nicht mehr fressen. Die dritte zerkratzt weiter mit Inbrunst die Tapete. Und im Rudel herrscht plötzlich Krieg statt Frieden. Dann ist die Verzweiflung bei Tierhaltern oft ebenso groß wie die Ratlosigkeit. Meist greift der Mensch in der Not zu Tropfen oder Pillen, um der Katze zu helfen. Der eine oder andere sucht auch noch den Tierarzt auf. Und wenn alles nichts hilft, wenn der Druck und der Unfrieden zu groß werden, wenn der Haussegen schief hängt und die menschlichen Nerven blank liegen, dann landen solche Katzen nicht selten im Tierschutz. Dort soll dann ein anderes, besseres Zuhause gefunden werden. Dabei ist ein Revierwechsel für Katzen immer mit Stress verbunden. Und es ist keineswegs sicher, dass die Probleme damit gelöst sind. Wer seine Katze verstehen, ihr helfen und sie wieder glücklich machen will, muss Ursachenforschung betreiben und sich die Frage stellen: Warum tut sie das nur?

Es ist wichtig zu verstehen, dass eine Katze eine Katze ist, sie ist weder ein Mensch noch ein Hund. Deshalb kann Katzenverhalten auch nur verstehen, wer es mit Katzenmaßstäben misst, also mit dem von Artgenossen vergleicht und daraus Rückschlüsse zieht. Wer einer Katze menschliches Verhalten unterstellt oder gar von Hunde- auf Katzenverhalten schließt, tut seinem Tier Unrecht. Alle Katzen haben ein komplexes arteigenes Sozialverhalten. Dazu kommt, dass Rasse, frühkindliche Prägung und Aufwachsen individuelle Züge, Vorlieben und Abneigungen festigen.

Im Alter kommen körperliche Einschränkungen dazu – alles das beeinflusst den Charakter und das Verhalten eines Tieres. Deshalb ist es so wichtig zu verstehen, was uns vielleicht unangenehm, aber dennoch eben echtes Katzenverhalten ist, und was eine Verhaltensauffälligkeit oder sogar eine echte Störung.

Dieses Buch will Ihnen dabei helfen, Ihre Katze besser zu verstehen und Ihnen praktische Hinweise geben, damit die Harmonie wieder hergestellt wird. Deshalb geht es hier um die Probleme, die den meisten Katzenhaltern unter den Nägeln brennen: Unsauberkeit, Aggression, Angst. Die Katzen, die Ihnen hier begegnen, waren und sind alle »echte Fälle« aus der Tierpsychologenpraxis, wenn auch zur Wahrung der Persönlichkeitsrechte die Namen verändert wurden.

Kapitel 1

Katzenverhalten verstehen – die Grundlage des Zusammenlebens

Fellnasen, Miezen, Samtpfoten, Plüschpopos – es gibt viele Bezeichnungen und Umschreibung für das Tier Katze. Viele sind wohlmeinend und assoziieren Sanftheit, Schönheit, Eleganz und Geschmeidigkeit.

Jede Katze ist ein Jäger.

Ich weiß, wie es geht, aber ich muss noch üben.

Das Wesen der Katze: Ein Beutegreifer

Kein Wunder, dass sich Schriftsteller Maler, Bildhauer und Musiker von der Katze haben inspirieren lassen. Sie taucht in unendlich vielen Bildern und Geschichten auf, mal aristokratisch, mal unnahbar, mal niedlich – je nachdem, wie die Menschen in ihrer Zeit und ihrer Gesellschaft sie gerade gesehen haben. Sie wurde und wird aber auch immer noch verfolgt und als Schädling angesehen. Ihr wird ebenso Grausamkeit unterstellt wie Heimtücke. Und nicht selten wird sie auch mit Nacht, Dunkelheit und Mysterium in Verbindung gebracht. Sie weckt Angst und Abscheu ebenso wie Entzücken und Freude. Bei all diesen Bewertungen stülpt der Mensch dem Tier aber bewusst oder unbewusst menschliches Verhalten über und misst dabei mit menschlichen Maßstäben. Wir nennen Hunde gerne treu, Tauben sanft, Raben klug, Füchse listig, Wölfe grausam. Doch das gehört in das Reich der Literatur. In Fabeln und Märchen verkörpern Tiere menschliche Eigenschaften, in der Natur sind sie einfach nur sie selbst. Und deshalb sind Katzen ebenso wenig elegant wie hinterlistig, genau so wenig grausam wie reinlich, genau so wenig mystisch wie heimtückisch, denn alles das sind Eigenschaften, die wir ihnen »andichten«.

Sie sind so, wie es ihrer Art entspricht – überaus erfolgreiche Säugetiere, die fast überall auf dieser Erde leben und überleben, mal mit, mal ohne den Menschen. Zumeist als Einzellebewesen,

Klein, aber oho.

Die ersten Wochen prägen das weitere Leben.

aber wenn es Sinn macht, auch in Gruppen. Vor allem: Sie sind Beutegreifer, Jäger und Fleischfresser. Katzen haben keine Wahl, ob sie vegetarisch leben wollen oder nicht. Sie müssen Beute machen und fressen. Dazu gehören die Jagd und das Töten und die Bereitschaft zur Aggression.
So niedlich kleine Kätzchen auch sein mögen, so zart, kuschelig und anrührend, so ist doch jedes dieser Tiere mit dem Instinkt des Jägers geboren worden. Es bringt den Körper, die Muskulatur und das Skelett eines Beutegreifers mit. Es hat Zähne und Krallen zum Zupacken, Festhalten und Zubeißen, die scharfen Ohren und Augen und den Instinkt, sich zu wehren und anzugreifen. Kaum jemand wird das eben noch so nette Kätzchen süß finden, wenn es jagt und tötet. Aber auch das gehört zum ureigensten Wesen der Feliden.
Und so muss es nicht wundern, wenn aus der niedlichen Fellnase innerhalb von Sekunden eine Kratzbürste oder gar ein reißender Mini-Löwe werden kann. Die körpereigenen Waffen sind vorhanden, das Kampfpotenzial auch. Warum erschrecken wir also, wenn aus der Samtpfote blitzschnell eine Tigerkralle wird? Weil es nicht in unser Bild von der kuscheligen Katze passt? Aggression gegen andere Tiere oder Menschen gehört zu den häufigsten Problemen im Zusammenleben. Sehr oft beruht sie auf Missverständnissen, manchmal auch auf der Lebenssituation, der Umgebung und Haltung (s. Seite 46).

Zu zweit allein sein?

An dieser Frage scheiden sich die Geister schon lange und immer wieder. Sind Katzen denn nun Einzelgänger oder nicht? Eine schwierige Frage, eine klare Antwort: »Jein.« Sehr lange sind die Katzen als absolute Einzelwesen bezeichnet worden und tatsächlich ist sowohl unter den

Geschwister sind wichtig für das Sozialverhalten.

Klein- als auch unter den Großkatzen nur der Löwe bekannt, der in echten Rudeln lebt. Das vermeintlich Einzelgängerische hat viel zum Mythos Katze beigetragen. Der besagt, dass sie ein Individualist ist, der sich nicht binden will, sondern stets für sich allein bleibt. Hat man jemals von »kätzischer Treue« gehört? Von »hündischer Treue« schon eher, oder? Schließlich ist der Hund der beste Freund des Menschen, sein Kumpel, sein Gefährte, sein Diener. Katzen dagegen sind stolz, unabhängig, lassen sich nicht vereinnahmen und nicht dressieren. Oder doch?

Tatsächlich jagen Katzen einzeln und sind damit auch als solitär lebendes Wesen überlebensfähig und von einer Gruppe, einer Familie, einem Rudel, einem Verband unabhängig. Sie verteidigen ihre Reviere auf verschiedenste Art und Weise. Und dass sie unverträgliche Einzelgänger sind, kann jeder Katzenhalter bestätigen, der schon einmal vergeblich versucht hat, seiner Mieze einen netten Artgenossen schmackhaft zu machen. Kampf bis aufs Messer, besser gesagt bis auf Zähne und Krallen, kann die Folge sein.

Dann gibt es aber auch die Menschen, bei denen vier, fünf oder mehr Katzen leben und sich eben nicht massakrieren, sondern mehr oder minder friedlich zusammenleben und sich Sofa und Futternäpfe teilen. Warum funktioniert bei den einen, was bei den anderen vollkommen schief geht? Die Antwort liegt im jeweiligen Charakter der Tiere, in der Genetik, der Prägung und den Lebensumständen.

Junge Katzen schließen sich meist problemlos einander an. Sie akzeptieren andere Jungkatzen als

Mag ich dich oder mag ich dich nicht?

Wer in der Gruppe groß wird, ist meist verträglich mit Artgenossen.

Spielpartner, Unterhaltungsprogramm und als sozialen Kontakt. Wenn Welpen in ihrer Prägephase und den ersten Lebensmonaten gute Erfahrungen mit vielen anderen Katzen gemacht haben, ist das eine Grundlage dafür, dass sie auch später sozial und freundlich mit anderen Artgenossen umgehen. Ist das nicht der Fall, etwa bei einzeln handaufgezogenen Tieren, dann sind oft gravierende Probleme im Umgang mit Artgenossen programmiert.

Sicher spielt auch die Genetik eine gewisse Rolle. Vielen Orientalenrassen sagen Züchter und Besitzer eine gewisse »Rudeligkeit« nach. Ob das stimmt oder nicht, sicher ist, dass mit der Zucht bestimmte körperliche Merkmale selektiert werden, aber auch Veranlagungen im Verhalten. Last, but not least spielen die Lebensumstände eine Rolle. Wer im Tierheim still und zurückgezogen in einer Zimmerecke saß und sich scheinbar mit allem und jedem vertrug, kann im neuen Zuhause zum echten Tyrannen mutieren, der keine anderen Katzen neben sich duldet. Aber in einer Situation, in der einfach nur Überleben angesagt ist, macht es auch wenig Sinn, Kraft mit unnötigen Kämpfen zu vergeuden. Ganz anders, als wenn es darum geht, das eigene Revier und die begehrten Ressourcen zu verteidigen.

Einzelgänger oder nicht? Welche Bedeutung hat die Antwort für das tägliche Zusammenleben? Die Antwort: »Es ist kompliziert.« Leider gibt es keine Patentrezepte, um vorauszusagen, wer sich mit wem verträgt oder nicht, wer wen mag oder nicht oder bei wem gar nichts geht und jemals gehen wird. Das macht es immer dann schwierig, wenn es um das Thema Vergesellschaftung geht. Mehr dazu im nächsten Kapitel.

Ein kleines Stück vom grünen Glück.

Macht nur der Freigang Katzen glücklich?

Die Zahl der Katzen in Deutschlands Haushalten wird je nach Schätzung mit sieben bis acht Millionen Tieren angegeben. Wie viele davon regelmäßig oder nur sporadisch Freigang genießen und wie viele als Streuner ohne Bezug zu Menschen leben, darüber gibt es keine wirklich verlässlichen Zahlen. Was es aber gibt, ist eine teilweise ebenso erbitterte wie grundsätzliche Diskussion darüber, ob Katzen Freigang haben müssen oder nicht. Da die Tiere, wie schon beschrieben, durch und durch Beutegreifer sind, liegt es in ihrer Natur zu jagen, zu belauern, Beute zu machen. Diese Freiheit und Ungebundenheit bringt aber eben auch viele Gefahren mit sich. Das fängt bei Revierkämpfen an, führt über Verletzungen, Infektionen und Unfälle bis hin zu den Gefahren unserer Zivilisation: Autos, Jäger oder Gift sind jedes Jahr für unzählige verschwundene und getötete Haustiere verantwortlich. Das Leben draußen ist schön, aber gefährlich. Deshalb leben Freigänger unter Umständen kürzer als ihre Artgenossen in der Wohnung. Aber leben sie deshalb wirklich besser? Auch ein Dasein ohne Gefahren kann für Katzen puren Stress bedeuten – dann nämlich, wenn es langweilig ist. Zehn Stunden am Tag auf die Rückkehr eines berufstätigen Menschen zu warten, nur um dann gefüttert zu werden und wieder zu schlafen, ist alles andere als artgerecht und eine Qual für eine Katze. Wer ein Tier nur in der Wohnung hält, muss sich darüber klar werden, dass er große Verantwortung trägt, den natürlichen Bedürfnissen gerecht zu werden. Das heißt, für Beschäftigung zu sorgen und Körper und Geist zu trainieren. Die Frage, ob Katzen in der Wohnung glücklich sein können, hängt auch immer von den konkreten Bedingungen ab, also wie viel Platz vorhanden und wie katzengerecht die Einrichtung ist, aber auch wie viel Beschäftigung geboten wird. Tiere, die ein Leben lang nur Wohnungshaltung gewohnt sind, können in kurzer Zeit Freigang »erlernen«, denn ihre Instinkte gehen nie verloren und helfen ihnen bei der Orientierung. Aus einem eingefleischten Freigänger aber eine Wohnungskatze zu machen, ist nahezu unmöglich.

Ich will raus! Und ich will rein!

Kastration und Wesensveränderung

Auch die Fruchtbarkeit der Katzen ist Teil ihres Mythos. Zweimal im Jahr können Kätzinnen einen Wurf mit im Durchschnitt vier Welpen zur Welt bringen. Findige Mathematiker haben schon berechnet, wie viele Nachkommen – die sich dann wieder vermehren – ein einziges Elternpaar in zehn Jahren zeugen kann. Es sind rund 70.000, wobei das ein theoretisches Gedankenspiel ist. In der Realität überlebt nur ein Bruchteil. Aber das Katzenelend ist auch so erschreckend genug, weshalb immer mehr Tierschutzorganisationen ein Kastrationsgebot für Freigänger fordern. Es gibt aber immer noch genug Katzenhalter, die eine Kastration ablehnen, weil sie der Natur nicht ins Handwerk pfuschen wollen. Dabei sprechen viele Tatsachen für den Eingriff. Potente Tiere, vor allem die Kater, haben wesentlich größere Streifgebiete. Sie streunen weiter und länger und geraten dabei zwangsläufig in Auseinandersetzungen mit Reviernachbarn. Leider tragen diese teilweise heftigen Auseinandersetzungen dazu bei, die berüchtigten Katzeninfektionskrankheiten wie die Feline Immundefizienz (FIV) oder Leukose immer weiter zu verbreiten. Intakte Tiere haben grundsätzlich eine niedrigere Lebenserwartung als Kastraten, dazu tragen eben diese Krankheiten, aber auch alle Arten von Verletzungen und Unfällen viel bei. Auseinandersetzungen mit Artgenossen bedeuten für Kater immer auch Stress, genau so wie die Dauerrolligkeiten einer nicht kastrierten Kätzin.

Das Vorurteil, kastrierte Katzen würden allesamt ruhig, dick und gemächlich, ist falsch. Zwar üben die Hormone einen großen Einfluss auf den Stoffwechsel und damit auch auf das Verhalten aus. Aber eben nicht alleine. Genetik und Lebensumstände tun ebenso viel dazu, wie eine den Lebensumständen angepasste Fütterung.

Kastration oder Sterilisation?

Es kommt vor, dass Katzenbesitzer meinen, nur die männlichen Tiere würden kastriert, die weiblichen sterilisiert. Tatsächlich wird aber heute bei beiden Geschlechtern eine Kastration vorgenommen. Das heißt, bei den Katern werden die Hoden, bei der Kätzin die Eierstöcke entfernt. Bei einer Sterilisation weiblicher Tiere werden die Eileiter lediglich durchtrennt und es kommt weiter zu Rolligkeiten.

Sind nur Freigänger glücklich?

Kapitel 2

Drum prüfe, wer sich ewig bindet

Eine Katze soll einziehen: Das klingt so einfach und ist doch so schwer. Denn schließlich soll es ja die richtige Entscheidung für viele Jahre gemeinsamen Zusammenlebens sein.

Ach, was ist das langweilig hier.

Wer ein Katzenkind adoptiert, kann unter Umständen 15 Jahre und länger mit diesem Tier verbringen. Deshalb sollte neben dem Gefühl auch immer der Verstand mitreden, wenn es um die Auswahl der Mitbewohnerin geht. Nur leider ist die Frage, wer zu wem passt, gar nicht immer so einfach zu beantworten. Haben sich Mensch und Tier gefunden, steht einem glücklichen Miteinander nichts im Wege. Passen aber beider Bedürfnisse und Ansprüche nicht zueinander, dann herrscht bald Stress.

So wie bei Kater Max. Der imposante Grautiger stammt aus einem Tierheim, wurde gefunden und dort abgegeben. Er wird als liebebedürftig und schmusig beschrieben und zieht bei einer jungen Frau ein, die rund zehn Stunden am Tag außer Haus ist. Der Kater beginnt, regelmäßig die Wohnung zu verwüsten. Er uriniert immer wieder auf das neue Sofa und zerkratzt die Tapeten im Flur. Alles Schimpfen, alle Erziehungsmaßnahmen nutzen nichts. Die Verzweiflung ist groß – auf beiden Seiten. Warum? Weil ein so junger Kater, der unbedingt Freigang haben möchte, restlos unterfordert und gelangweilt ist. Weil er, statt in einer kleinen Wohnung ohne Beschäftigung zu leben, lieber, wie er es gewohnt war, durch die Wiesen vor dem Haus streifen und jagen möchte. Und weil seine Halterin, abends müde von der Arbeit, ihn zwar noch beschmust, aber weder ausgiebig mit ihm tobt und spielt, noch seinen Geist beschäftigt. Mensch und Katze passen einfach nicht wirklich zusammen. Aber vielleicht wäre eine etwas ältere, ruhigere Katze, die nur Wohnungshaltung kennt, hier wesentlich zufriedener gewesen?

Viele Menschen achten bei der Wahl einer neuen Katze auf Äußerlichkeiten. Auf eine besondere Fellfarbe oder Zeichnung etwa, auf lange oder kurze Haare, auf blaue oder goldene Augen. Aber weder Fell- noch Augenfarbe sagen etwas über den Charakter eines Tieres aus. Weder Körperbau noch Zeichnung verraten etwas über Mut oder Ängstlichkeit. Und sie geben auch keine Auskunft darüber, ob es sich um ein »Schmusemonster« oder eine »Kratzbürste« handelt, ob die Samtpfote gesellig ist oder lieber alleine leben will. Das ist beim Thema Rassekatzen etwas anders. Natürlich gibt es auch innerhalb einer Rasse die ganze Bandbreite von Charakteren. Nicht alle Maine Coons sind unternehmungslustig und nicht alle Perser sind ruhig. Aber gerade bei der Zucht werden ja nicht nur äußerliche Merkmale vererbt, sondern auch Wesensveranlagungen. Deshalb sollte sich jeder, der gerne Trubel in der Wohnung mag, eher für eine der Orientalenrassen interessieren und eventuell auch gleich zwei Tiere bei sich aufnehmen. Wer es ruhiger und beschaulicher mag, ist vielleicht mit Britisch Kurzhaar, Persern oder Birma besser beraten. Wer

Passiert heute noch was Interessantes?

Ich warte schon seit Stunden.

allerdings nur nach Optik aussucht und auf ein möglichst exotisches Erscheinungsbild achtet, kann im täglichen Zusammenleben die eine oder andere Überraschung erleben.

Die Katze vom Züchter

Einfach niedlich. Ja, Katzenkinder sind niedlich, süß, drollig, wenn sie sich aufmachen, auf ihren tapsigen wackeligen Beinchen, die Welt zu erkunden. Und wenn sie übereinander purzeln und voller Spielfreude an Menschenbeinen hochklettern – wer kann da schon widerstehen? Aber auch aus ihnen werden schnell erwachsene Katzen mit Ansprüchen an das Leben. Der Niedlichkeitsfaktor ist schnell dahin, was bleibt, ist eine Tierpersönlichkeit mit eigenen Bedürfnissen.
Wer sich in eine bestimmte Rasse verliebt hat und gerne ein Katzenkind bei sich aufnehmen möchte, tritt meist den Gang zum Züchter an. Hier ist die Bandbreite der Anbieter mindestens ebenso groß, wie die der Rassen. Vom engagierten Hobbyzüchter bis zum »Tiervermehrer« ist alles dabei. Deshalb lohnt auch an dieser Stelle die kritische Auseinandersetzung. Denn in den ersten Lebenswochen wird ein wichtiger Baustein für das spätere Verhalten und die Entwicklung eines Tieres gelegt.

CHECKLISTE

Welche Katze passt zu mir?

- *Welchen Lebensstil pflegen Sie? Sind sie ein häuslicher Typ oder viel unterwegs und reisen oft?*
- *Sind Sie berufstätig und wenn ja, wie lange täglich außer Haus?*
- *Leben bei Ihnen Kinder im Haushalt?*
- *Sind Sie selbst in fortgeschrittenem Alter?*
- *Können Sie einer Katze Freigang anbieten?*
- *Sind Sie bereit, mit einer Wohnungskatze jeden Tag intensiv und mindestens eine Stunde lang zu spielen?*
- *Können Sie sich vorstellen, auch zwei Katzen aufzunehmen, die sich miteinander beschäftigten?*
- *Für Berufstätige, vor allem, wenn sie einer Katze reine Wohnungshaltung bieten wollen, macht es Sinn, gleich zwei Stubentiger aufzunehmen, die sich miteinander beschäftigten können.*
- *Wer noch sehr kleine Kinder hat, sollte sich die Anschaffung eines Tieres gut überlegen, denn beide verlangen Zuwendung und Zeit.*
- *Wer mit jenseits der 70 noch ein Katzenkind aufnehmen will, sollte bedenken, dass tierischer Nachwuchs andere Bedürfnisse hat, als ein älterer Mensch und Katzen im Durchschnitt rund 15 Jahre alt werden.*

Welche Katze soll es sein? Die Sanfte?

Züchten kann, wer möchte. Es gibt keine vorgeschriebene Aus- oder Weiterbildung. Umso wichtiger ist es, einen Züchter zu fragen, ob er einem Verein oder Verband angehört und dessen Zuchtrichtlinien umsetzt. Wie exotisch auch immer die Rasse und wie weit entfernt auch immer die Zucht sein mag: Nichts geht ohne den persönlichen Augenschein. Den Züchter und seine Tiere persönlich kennen zu lernen, ist unabdingbar. Wenn möglich, sind auch mehrmalige Besuche und Beschäftigung mit dem vierbeinigen Nachwuchs sinnvoll, um sich einen Eindruck vom Züchter, seinen Tieren und den Lebensumständen zu verschaffften.

CHECKLISTE

Worauf sollten Sie achten?

- *Haben Sie sich vorab über die Rasse kundig gemacht? Kennen Sie bestimmte rassetypische Gesundheitsrisiken?*
- *Wissen Sie etwas über die Eigenschaften, die dieser Rasse generell zugeschrieben werden?*
- *Leben die Katzenmutter und ihre Welpen im Haushalt des Züchters oder abseits auf dem Dachboden, in der Garage oder im Gartenhaus?*
- *Wie viele Kätzinnen und Würfe gibt es? Mehr als zwei sollten es nicht sein.*
- *Sind die Tiere in den normalen Alltag integriert, kennen sie Menschen und andere Tiere?*
- *Wie reagieren die Katzenkinder auf Sie? Neugierig oder ängstlich?*
- *Wie sieht es aus mit der Sauberkeit? Stehen Futternäpfe gleich neben der Toilette?*
- *Machen Mutter und Welpen einen gesunden Eindruck oder gibt es etwa Tiere mit entzündeten Augen oder struppigem Fell?*
- *Wie ist der Ernährungszustand?*
- *Sind alle Welpen gleich lebhaft oder zieht sich einer zurück?*
- *Gibt es Nachweise über eine tierärztliche Untersuchung oder Impfung? Ein Gesundheitszeugnis?*
- *Wird der Nachwuchs erst ab der zwölften Woche verkauft oder früher? Drei Monate sollten die Jungkatzen mindestens im Familienverbund verbringen.*
- *Was passiert, wenn sich bei dem Katzenwelpen kurze Zeit nach dem Umzug gravierende Krankheiten herausstellen?*

Sind Sie auch so ein Gemütsmensch?

Handaufzucht

Das passiert immer wieder: Katzenmütter werden vom Auto überfahren oder getötet. Zurück bleibt der hilflose Nachwuchs, der von wohlmeinenden Menschen aufgezogen wird. Aber bei aller Liebe und Mühe kann der Mensch den Artgenossen nicht ersetzen. Bei allen Handaufzuchten gibt es das große Problem, dass die Tiere arteigenes Verhalten nur unvollständig ausprägen können, weil ihnen Artgenossen und Vorbilder fehlen. Umso wichtiger ist es, dass ein Katzenkind, wenn schon ohne Mutter, dann wenigstens mit Geschwistern oder Gleichaltrigen aufwächst. Denn im Umgang mit anderen Samtpfoten wird das Sozialverhalten eingeübt, wird der Umgang mit Aggression erlernt. Katzen, die isoliert, ohne Kontakt mit anderen aufgewachsen sind, zeigen später oft Probleme im Umgang mit Menschen oder Artgenossen.

Die Samtpfote aus zweiter Hand

Trienchen ist graugetigert, unauffällig, scheu, zieht sich bei Besuch zurück in ihre Höhle und wird regelmäßig übersehen. Und sie sitzt schon seit drei Jahren im Tierheim. Selbst, wenn sich jemand für sie interessieren sollte – eine solche Katze kann doch nur schwierig und verstört sein. Denn wenn sie nicht schon wegen Verhaltensproblem im Tierschutz gelandet ist, dann hat sie ganz sicher hier seelische »Macken« davongetragen, oder? Leider sorgen solche Vorurteile dafür, dass viele Tiere lange, zu lange ein eher trauriges Dasein fristen müssen. Abgabegründe gibt es viele und längst nicht immer ist es ein Verhaltensproblem. Sicher ist, dass es für keine Katze angenehm ist, ihr Leben und Revier mit vielen fremden Artgenossen teilen zu müssen. Der Druck und die Konkurrenz der Anderen sorgen oft dafür, dass sich manche Katzen in sich zurückziehen. Sie sind scheinbar verträg-

Nur für sensible Menschen.

lich, weil sie offene Auseinandersetzungen meiden. Aber hinter dem vermeintlich sozialen Verhalten kann auch ein stressbedingter Rückzug stecken. Und ein solches Tier kann im neuen Zuhause ohne Weiteres Revieransprüche anmelden und damit dem Rechteinhaber in die Quere kommen. Auch wer eher ruhig und bescheiden im Körbchen saß, kann sich als wahrer Wirbelwind entpuppen, wenn sich die Verhältnisse ändern. Wichtig also auch hier: Die Katze der Wahl im Tierheim mehrfach besuchen und beobachten und den Pflegern viele Fragen stellen. Etwas anders sieht es aus bei Tierschutzorganisationen, die mit Pflegestellen arbeiten. Da die Tiere hier eher in den normalen Familienalltag integriert sind, lässt sich ihr Verhalten besser beurteilen.

CHECKLISTE

Worauf sollten Sie achten?

- *Was ist von der Vorgeschichte bekannt? Woher stammt die Katze?*
- *Wie verhält sie sich in der Katzengruppe? Nimmt sie aktiv teil oder sondert sie sich eher ab?*
- *Spielt sie mit Artgenossen oder sucht sie Kontakt zu ihnen?*
- *Ist sie häufig in Auseinandersetzungen verwickelt?*
- *Geht sie neugierig auf Menschen zu oder zieht sie sich zurück?*
- *Was können die Betreuer über den Charakter des Tieres sagen?*
- *Bekommen Sie von der Organisation Rat und Unterstützung bei der Vergesellschaftung mit anderen Tieren, die in Ihrem Haushalt leben?*
- *Gesetzt den Fall, die Katze verträgt sich nicht mit Ihrer Erstkatze? Können Sie das Tier zurückbringen?*

Liebe oder Hiebe?

Bounty und Milva sind Geschwister und hängen sehr aneinander. Auch bei ihnen gibt es die üblichen kleinen Kämpfchen, aber fünf Jahre lange leben sie doch friedlich miteinander. Leider wird eines Tages Kater Bounty überfahren. Milva bleibt alleine zurück und trauert. Ihre Menschen möchten ihr helfen und holen einen jungen Kater, Sammy, sieben Monate alt, bildhübsch, lieb zu Menschen, selbstbewusst – ein fröhliches, freches Katzenkind. Nur reagiert Milva anders als erhofft. Von Anfang an faucht sie den Kleinen an, knurrt, wenn er ihr zu nahe kommt. Anfangs lässt sich der Kater noch beeindrucken, aber nach zwei Monaten beginnt er selbst, Milva zu jagen, frisst ihr Futter, legt sich in ihr Körbchen, macht ihr den Platz im Bett streitig. Milva lebt nun nur noch in einer Ecke des Arbeitszimmers, das Sammy eigentlich nicht betreten darf. Aber sobald die Tür nur einen Spalt offen bleibt, saust Sammy hinein und kurze Zeit später ist wildes Kreischen zu hören.

Sunny ist ein Notfall: Als zugelaufenes Katzenkind von mitleidigen Menschen mit nach Hause genommen. Aber dort gibt es schon Lucy und Marie, zwei 13 und 14 Jahre alte Katzendamen. Und während Klein-Sunny versucht, mit den Beiden Kontakt aufzunehmen, lehnen die sie komplett ab. Marie lässt sich manchmal herab, mit Sunny zu spielen, aber Lucy jagt die kleine Kätzin, sobald sie sie nur sieht. Solche oder ähnliche Geschichten haben schon viele Katzenbesitzer erlebt.

Wer sich von Anfang dafür entscheidet, gleich zwei Katzen gemeinsam bei sich aufzunehmen, hat oft Glück. Gleich ob Geschwister oder beste Freunde, die vertraute Mitkatze wird meistens ein Leben lang als Sozialpartner akzeptiert. Meist, wenn auch nicht immer (s. Seite 13).

Schwieriger wird es in jedem Fall, wenn, aus welchen Gründen auch immer, eine neue Katze einzieht. Anzunehmen, die Wohnungs- und Revierinhaberin würde vor Freude in die Pfoten klatschen, können auch nur Menschen in ihrer

Wo wir sind, tobt das Leben.

Was wissen Sie über die Rasse?

grenzenlosen Naivität annehmen. Katzen sehen das in der Regel anders. Jede fremde Katze ist eine Revierkonkurrenz, mit der man teilen muss, was einem doch bislang alleine gehört hat: Der Platz im Bett, das Futter, den Menschen. Mag sein, dass sich nach einiger Zeit herausstellt, dass die Neue doch nicht ganz so unsympathisch ist. Aber zuerst muss hier mal klargestellt werden, wer die älteren Rechte hat. Also heißt es, Breitseite zeigen, Schwanz auf maximale Größe aufplustern, kehliges Knurren ertönen lassen, die geschärften Krallenwaffen zeigen.

Der größte Fehler, den Menschen machen können, ist, zwei fremde Katzen einfach aufeinanderprallen zu lassen. Den Transportkorb zu öffnen und zu erwarten, dass sich beide Tiere freundlich begrüßen, endet oft mit der ersten Katastrophe, der weitere folgen. Denn alle sind gestresst: Der Neuzugang vom Transport, dem Korb, der Autofahrt, den neuen Gerüchen, Geräuschen, der fremden Umgebung. Und die Erstkatze davon, dass Sie ihr, ohne vorher um Erlaubnis zu fragen, einfach eine fremde Katze vor die Nase setzen.

Die Katze vom Züchter.

Gleich und gleich gesellt sich gerne

Wer passt zu wem? Wenn es auf diese Frage eine Antwort gäbe, wären viele Tiertherapeuten überflüssig. Selbst die Fachleute sind sich nicht immer einig: Kater zu Katze oder gleichgeschlechtliche Paare? Für beides gibt es Argumente. So entwickelt sich in der Welpenphase durchaus ein geschlechtsspezifisches Verhalten. Kater spielen rauer, kraftvoller, kämpfen und balgen mehr. Einen Jungmacho zu einer zarten Kätzin zu setzen, kann schief gehen. Umgekehrt gibt es wahre Kumpelfreundschaften. Toby und Paul, beide 13 Jahre alt, haben sich als Jungkater in der Pflegestelle kennen und lieben gelernt. Beide kräftig von Statur, aber mit Hasenherzen ausgestattet, ergänzen sie sich nun schon viele Jahre und zum Vorteil für beide. Geht es darum, Menschen um die Beine zu gehen, wird Paul ins Gefecht geschickt, wo er mit List und Tücke und Schmeichelei die Leckerchen organisiert. Muss das Revier gegen den aufdringlichen Nachbarskater energisch verteidigt werden, bildet Toby die Vorhut und Paul wartet ab. Auf die Jagd gehen beide gemeinsam – auch wenn manchmal die Pfoten fliegen: Der lebenslangen Liebe tut das keinen Abbruch. Tatsächlich gibt es harmonische Katergruppen, in denen sechs Herren friedlich zusammenleben. Es gibt aber auch Kaffeekränzchen von drei oder vier Katzendamen, die sich prächtig verstehen.

Das Geschlecht ist es also nicht alleine, das den Ausschlag gibt. Wichtiger sind Prägung und Erfahrung. Soziale Katzen, im Verbund groß geworden, kommen mit den meisten anderen gut aus. Einzelgänger werden fast immer Solisten blei-

Die ersten Tage können stressig sein

Junge Katzen brauchen Spielgefährten.

Endlich ein Platz im Bett.

ben. Wer auf der Suche nach einem Partner für seine Mieze ist, der sollte den Grundsatz, dass sich Gegensätze anziehen, lieber schnell vergessen. Einen selbstbewussten Haudegen mit einem Angsthasen zu vergesellschaften, geht selten gut. Und eine Seniorin wird von einem punkigen Katzen-Teenager einfach nur genervt sein. Vor allem, wenn sie noch um einen vertrauten Partner trauert. Leider meinen viele Menschen, ihrer verstörten älteren Katze so schnell wie möglich mit einem Katzenkind wieder neuen Lebensmut einflößen zu müssen. Oft ist das Gegenteil der Fall.

***Tipp:** Die einzige Regel bei der Auswahl einer neuen Katze ist diese: Es gibt keine. Wenn schon, dann sollten zwei Tiere vom Alter, vom Charakter und den Vorlieben her möglichst zusammenpassen. Spielertyp zu Spielertyp, Jungtier zu einer jungen Katze, Senior zu Seniorin. Auch das ist noch keine Garantie für Sympathie, aber eine gute Grundlage.*

Zusammenführung und Vergesellschaftung

Auch wenn es schwerfällt und natürlich von der Nachbarin bis zur besten Freundin jeder die nette Katze sofort begrüßen und beschmusen möchte: Gönnen Sie dem neuen Tier zunächst Ruhe und Zeit, sich einzugewöhnen. Setzen Sie den Transportkorb in ein eigenes Zimmer, in dem auch schon vertraute Fressnäpfe, Toilette und Spielzeug stehen. Gestatten Sie der Katze, dann herauszukommen, wenn es ihr passt und sich einen Zufluchtsort ihrer Wahl zu suchen – nicht selten unter dem Bett oder der Couch. Zeigen Sie Präsenz, aber bedrängen Sie das Tier nicht.

Gehen Sie in die Hocke oder setzen Sie sich auf den Boden. Strecken Sie den Arm lang aus, wenden aber den Kopf ab und schauen betont gelangweilt in der Gegend herum. Natürlich sehen Sie dabei aus dem Augenwinkel, was Ihre neue Mitbewohnerin tut. Machen Sie sich beliebt, indem Sie auf der ausgestreckten Hand ein Leckerchen anbieten. Wird das akzeptiert, haben Sie den ersten Etappensieg errungen.

Das Wichtigste beim Einzug

Die ersten Tage sind immer schwierig und anstrengend. Bewahren Sie einen kühlen Kopf.
Geben Sie dem Neuzugang die Möglichkeit, aus einem sicheren Versteck alles zu beobachten.
Stellen Sie Futter und Toilette gut sichtbar in die Nähe des Verstecks.
Bieten Sie Zuwendung an, aber wahren Sie Grenzen und bedrängen Sie niemals ein Tier, das »mit dem Rücken zur Wand« sitzt und Ihnen nicht mehr ausweichen kann. Ihre Hände werden es Ihnen danken.
Bieten Sie Spieleinheiten an: Am besten mit Spielzeug, das ins Beuteschema passt, also Wedel, Angeln, Kordeln, die noch dazu viel Platz zwischen der Katze und Ihren Händen lassen.
Tauschen Sie den Geruch aus: Nehmen Sie Spielzeug oder Kissen Ihrer Katze und legen Sie es der neuen Mitbewohnerin zur Begutachtung vor und umgekehrt, damit die Tiere sich schon einmal riechen können.

Der große Tag kommt: Die alteingesessene und die neue Samtpfote sollen zum ersten Mal aufeinander treffen. Damit das Ganze nicht endet, wie in »High Noon«, sollten Sie strategisch und klug planen. Am besten, Sie lassen beide über die gewohnte Fütterungszeit hinaus hungern und füllen die Näpfe mit einer besonderen Delikatesse. Hier haben sich Thunfisch oder Leber bestens bewährt, schon wegen des intensiven Geruchs. Jetzt öffnen Sie die Türen und platzieren die Näpfe so, dass beide sich sehen, aber beim Fressen noch eine gesunde Distanz wahren können. Fressen beide friedlich, ist ein wichtiger Schritt geschafft. Gibt es sicht- und hörbaren Ärger, brechen Sie das Experiment ab und wiederholen es später.
Weiter geht's: Sie sind auf gutem Wege. Nach dem Fressen kommt das gemeinsame Spielen. Etablieren Sie Rituale: Immer zur gleichen Zeit versuchen Sie, mit beiden Tieren gemeinsam ins Spiel zu kommen. Werfen, kullern, rollen Sie, mal nach rechts, mal nach links, Spielzeuge und Le-

Freundschaft muss erarbeitet werden.

Noch Spiel oder schon Ernst? Geschwister haben es leichter – meistens.

Wie lange kann eine Vergesellschaftung dauern?

Auf diese Frage gibt es leider keine allgemein verbindliche Antwort. Manche Tiere verstehen sich nach wenigen Stunden oder Tagen. Auch wenn dieser Prozess einige Wochen dauert – die Hauptsache ist, Sie sehen Fortschritte. Wenn aber über Monate Hiebe statt Liebe regieren, sollten Sie sich ernsthaft fragen, ob diese Katzenkonstellation wirklich über viele Jahre hinweg Bestand haben kann. Das Zusammenleben mit Tieren, die sich partout nicht verstehen, bedeutet Stress für alle – Tiere und Menschen.

ckerchen. Setzen Sie möglichst lange Wedel oder Angeln ein, mit denen Sie beide abwechselnd in das Spiel einbeziehen können. Schaffen Sie gemeinsame positive Situationen und loben Sie viel, wenn beide erwünschtes Verhalten zeigen. Je nachdem, ob die Sympathie wächst oder nicht, können Sie dann beide Katzen miteinander alleine lassen. Sollten Sie unsicher sein oder Aggressionen befürchten, ist eine stundenweise Trennung besser.

Bin ich hier richtig? Nach dem Umzug die Katze erst einmal zur Ruhe kommen lassen.

Kapitel 3

Mannschaftsspiele – Mannschaftsregeln

Wer Katzen liebt, ist oft in der Versuchung, auch mehr als ein Tier bei sich aufzunehmen. Da spielt die Faszination eine Rolle, der Gedanke, der eigenen Katze etwas Gutes zu tun oder einfach der Wunsch zu helfen.

Wie viele Katzen können friedlich miteinander leben?

Zwei, die sich verstehen.

Und es ist ja auch so einfach. Alle Kleinanzeigen sind voll von Abgabekatzen, viele Internetmarktplätze bieten Tiere an, sämtliche Tierschutzvereine suchen gute Plätze für ihre Schützlinge. Aber wer wirklich mehrere Tiere bei sich aufnehmen will, muss gut planen und überlegen, weil eben nicht jede Katze zu jeder Katze und jedem Menschen passt (s. Kapitel 2). Wenn also die Frage nach Alter und Charakter geklärt ist, heißt es immer noch zu überlegen, ob die neue Mitbewohnerin im Haushalt wirklich glücklich sein kann. Werden alle Grundbedürfnisse erfüllt? Gibt es genügend Platz für mehrere Tiere? Hat jede Katze eine Rückzugsmöglichkeit, einen eigenen Schlafplatz? Hat sie die Möglichkeit zu Freigang oder genügend Beschäftigung? Last, but not least: Tiere verursachen Kosten. Futter, Streu, Spielzeug, Tierarzthonorare, die Mittel für Medikamente usw. müssen aufgebracht werden und können bei älteren oder chronisch kranken Tieren den Geldbeutel sehr belasten.

Goldene Regeln für den Mehrkatzenhaushalt

Platz ist zwar in der kleinsten Hütte – aber irgendwann führt das Zusammenleben auf sehr engem Raum auch zu Auseinandersetzungen. 15 Katzen in einer Zweizimmerwohnung? Klingt eigentlich unvorstellbar. Vier Katzen in einem Haus? Schon besser, oder? Allerdings ist auch die Fläche alleine nicht entscheidend, sondern vielmehr, ob sich die Tiere aus dem Weg gehen können und ob alle Räume genutzt werden dürfen. Auch kleine Wohnungen lassen sich sehr katzengerecht gestalten, wenn etwa die Höhe genutzt wird. »Laufstege« an den Wänden oder unter der Decke und viele Klettermöglichkeiten bereichern das Katzenrevier.

Jedes Tier braucht Zuwendung. Damit ist nicht nur das Füttern gemeint, das Säubern von Näpfen und Toiletten, der Gang zum Tierarzt. Auch nicht nur das kurze Streicheln über den Kopf auf dem Weg zur Arbeit. Sondern die Auseinandersetzung und Beschäftigung mit einem Tier und seinen Besonderheiten. Flimpi will gerne und zu jeder Tageszeit spielen, Gina besteht auf ihrer abendlichen Schmusestunde, Paul liebt seine besonderen Leckerchen, Toby muss bei jedem Wetter nach draußen. Der eine mag Thunfisch, der andere verweigert Quark, liebt aber Joghurt. Der eine schnurrt bei Käserollis, der andere will immer nur Trockenfutter – lässt sich bei zehn und mehr Katzen da noch der Überblick behalten? Nicht mehr Katzen als Hände zum Streicheln – oder auch: Nicht mehr Katzen als Zimmer. Beides bringt ganz gut auf den Punkt, woran sich ein Samtpfotenhalter als Richtlinie orientieren kann und sollte.

Alle wollen beschäftigt werden.

***Tipp:* Ausstattung eines Mehrkatzenhaushalts**

Zehn Katzen – 15 Futter- und Wassernäpfe. Auch wenn manche Miezen gerne gemeinsam aus einem Napf fressen, sollte doch jede die Möglichkeit haben, aus ihrer eigenen Schüssel in ihrem Tempo ungestört Nahrung aufzunehmen. Auch Lieblingsplätze, Betten, Höhlen oder Körbe sind umkämpft. Haben Sie genug Platz für Kratzbäume und Rückzugsorte?

Zehn Katzen – elf Katzentoiletten. Viele Minitiger sind extrem empfindlich, was die Sauberkeit des stillen Örtchens angeht. Sie benutzen ungern eine Toilette, in der vor wenigen Minuten schon die Mitkatze tätig war. Und sie wechseln gerne für den Kot- und den Urinabsatz die Toilette. »Pro Katze eine Toilette plus eine zusätzlich« ist ein guter Grundsatz. Können und wollen Sie so viele aufstellen, befüllen und reinigen?

Nicht jeder Minitiger möchte mit anderen teilen: Pro Katze eine Toilette lautet die Regel.

Von der Tierliebe zum Animal Hoarding

In den letzten Jahren machen immer wieder solche und ähnliche Fälle Schlagzeilen: »84 Tiere aus einer Wohnung gerettet.« Ob mehrere hundert Wellensittiche, 300 Kaninchen oder 40 Katzen – die Fälle, in denen Menschen Tiere sammeln, scheinen zuzunehmen. Noch wird untersucht, um was es sich bei diesem Phänomen handelt: um eine Störung oder eine Erkrankung. Manche Tiersammler nehmen alles bei sich auf, was fliegt, flattert, bellt und miaut. Andere, übrigens überwiegend weibliche Tiermessies, horten nur eine Tierart, etwa Katzen. Und alle geben als Beweggrund an, helfen zu wollen. Oft beginnt die Sammelsucht mit Tieren, die sonst niemand mehr will, da sie behindert, alt oder krank sind.

Schnell kommen immer mehr Notfälle dazu. Und irgendwann wird aus dem anfangs gut gemeinten Helfen eine Qual.

Denn kaum ein Mensch hat die zeitlichen und finanziellen Möglichkeiten, so viele Tiere zu halten, zu versorgen und zu pflegen. So werden in krassen Fällen von Animal Hoarding die Tiere meist völlig verstört, verdreckt und krank oder verletzt befreit – sofern sie überlebt haben.

Wo aber hört die Tierliebe auf, wo fängt das Sammeln und Horten an? Bei vier, acht, zehn oder 20 Katzen? Keine Frage, auf die sich leicht eine Antwort finden lässt. Tatsächlich ist es gerade bei Katzen nicht selten, dass ihre Menschen behaupten, auch Gruppen mit 20 oder mehr Tieren würden glücklich und zufrieden zu-

Ist genügend Platz für alle da?

Ich will Liebe und Leckerchen.

sammenleben. Das muss bezweifelt werden. Selbst wenn Katzen vielleicht nicht absolute Einzelgänger sind, die keine Artgenossen dulden oder brauchen, sind sie mit Sicherheit eines nicht: Rudeltiere.

Wenn kein offensichtlicher Stress in der Gruppe zu erkennen ist, dann heißt das noch lange nicht, dass sich alle Tiere wohlfühlen und gesund sind. Eine solche Haltung entspricht schon den Bedingungen in manchen Tierheimen – nur dass es dort aus Not und zeitlich begrenzt geschieht. In vielen Großgruppen finden sich mindestens ein oder mehrere markierende Tiere. Oder ein Tier, das den totalen Rückzug angetreten hat und verängstigt auf dem Schrank lebt. Oder eins, das von den anderen gemobbt wird ... und wenn das nur heißt, dass es vom Futternapf und den Toiletten vertrieben wird. Tatsächlich steigt die Wahrscheinlichkeit von Unsauberkeit und damit auch der Stress mit jeder weiteren Katze im Haushalt (s. Seite 44).

Jede will ihren eigenen Napf.

Kapitel 4

Wenn das Sofa zur Toilette wird

Katzen pinkeln aus Protest. Basta. Das war schon immer so, das wird auch immer so sein. Zumindest ist das überall zu lesen, zu hören und das wissen doch alle.

Für jeden Geschmack das passende stille Örtchen.

Bei jungen Katzen passiert schon mal ein Malheur.

Das Märchen vom Protestpinkeln

Kater Louis zum Beispiel protestiert dagegen, dass sein Frauchen nun pensioniert und viel mehr zu Hause ist als früher. Das stört ihn und er nimmt das Sofa als Ersatz für seine Toilette. Bonny, die kleine Kätzin, protestiert nun schon seit Monaten, weil sie so alleine ist und sich nach Gesellschaft sehnt. Leider hilft die auf den Rat von Freunden angeschaffte Zweitkatze bei der Problembewältigung überhaupt nicht. Chico, der Russisch-Blau-Kater, protestiert gegen den neuen Freund seines Frauchens und benutzt dessen Pullover als Katzenstreuersatz. Und Legionen von Samtpfoten protestieren gegen Kinder, Hunde, Besucher, neue Möbel oder Urlaub ihrer Besitzer. Tierverhaltensberater empfinden – je nach Temperament – bei solchen Erklärungen entweder großen Zorn, große Traurigkeit oder werden von missionarischem Eifer gepackt. Oder eine Mischung von allem. Denn was immer die Ursache für Unsauberkeit ist – eines ist sie sicher nicht: Protest.

Die Verhaltensforschung hat sich mit dem Thema ausführlich beschäftigt, aber noch nie ist es gelungen, einen Beweis für die Protesttheorie zu finden. Ist es nicht seltsam, dass ausgerechnet Katzen mit Urin protestieren sollen, aber weder Hunde noch Kaninchen, noch Pferde, noch Meerschweinchen solch ein Verhalten zeigen?

»Aber was soll es denn sonst sein?« Wer sich diese Frage stellt, ist auf dem richtigen Weg, seine Katze zu verstehen. Von Kindesbeinen an werden wir dazu erzogen, Ausscheidungen als etwas Unangenehmes zu betrachten und sie möglichst zu verbergen. Und wir schlussfolgern automatisch, dass die Katze uns mit ihrem

Urinieren hat nichts mit Protest zu tun.

»demonstrativ« abgesetzten Urin und dem durchdringenden Geruch bestrafen oder wenigstens ihren Unmut ausdrücken will. Statt Katzenverhalten mit Katzenmaßstäben zu messen, werden dem Tier hier menschliche Verhaltensmuster übergestülpt – das kann nur schief gehen. Wir unterstellen der Katze, dass sie überlegt, wie sie uns am besten bestrafen kann, und dann zum Mittel des Urinierens greift. Ist das nicht eine vollkommen abwegige Vorstellung? Die Folgen solch fest verankerter Vorurteile sind extrem traurig. Tierschützer wissen, wie oft Katzen wegen Unsauberkeit abgeschoben und ausgesetzt werden. Leider löst sich damit das Problem nicht – es verschlimmert sich höchstens. Denn aus der vertrauten Umgebung herausgerissen zu werden, ist immer Stress. Stress aber hat viel mit Unsauberkeit zu tun.

Pfütze auf dem Boden? Das kann viele Ursachen haben.

Markieren ist angeborenes, territoriales Verhalten.

Woran erkenne ich?

Urinieren: *Die Katze beschnüffelt die ausgewählte Stelle, setzt sich, hebt den Schwanz nur leicht und setzt Urin ab. Danach dreht sie sich um, scharrt und geht. Meist hinterlässt sie eine größere Menge Flüssigkeit. Urinieren ist Ausscheidungsverhalten.*

Markieren: *Die Katze steht, der Schwanz ist hoch erhoben und zittert, manchmal trippeln die Hinterbeine auf der Stelle. Der Harn wird waagerecht gegen Gegenstände gespritzt. Das können Stuhl- oder Tischbeine, Wände, Fenster oder Türen sein. Nur eine kleine Menge Flüssigkeit wird abgesetzt. Markieren ist territoriales Verhalten und geht immer einher mit einer gewissen Anspannung.*

Urinieren oder Markieren?

»Hilfe, meine Katze markiert auf das Sofa.« Die Begriffe Urinieren und Markieren werden zwar oft für den gleichen Vorgang verwendet, aber sie meinen etwas völlig Unterschiedliches. Um dem Problem der Unsauberkeit auf den Grund zu gehen ist es aber notwendig, dass man sie unterscheidet.

Der Trieb zu buddeln, ist angeboren. Die Toilettentechnik muss trainiert werden.

Welches Katzenklo macht Ihre Katze froh?

Zum Thema Auswahl der richtigen Streu gibt es sicher ebenso viele Meinungen, wie Produkte auf dem Markt. Klumpend oder nicht, weiß oder grau, Holz oder Betonit, die Ansprüche sind verschieden. Alles, was weich an den Pfoten und saugfähig ist und dabei möglichst wenig aufdringlich duftet, ist für Katzen angenehm. Denn es entspricht ihren natürlichen Bedürfnissen.

Ganz sicher entspricht es ihrem Instinkt nicht, sich beim Urinabsetzen in eine dunkle, enge, stinkende Falle zu begeben. Als solches entpuppen sich oft Toiletten mit Deckeln und Schwingtüren. Aus menschlicher Sicht mögen solche Deckeltoiletten angenehm sein, für Katzen sind sie das längst nicht immer. Dennoch gibt es Samtpfoten, die sich tapfer auch damit arrangieren. Und viele Katzenbesitzer berichten sogar, dass ihre Miezen begeistert in jene neuen »Designerklos« hüpfen, die den Zugang nur von oben durch ein Loch ermöglichen, in das die Katze hineinspringen muss. Es kann bei jungen, agilen und vor allem schlanken Katzen noch einen gewissen Neugierfaktor haben und sportlichen Ehrgeiz ankurbeln, von oben durch ein Loch in die Toilette zu springen. Aber es wird spätestens dann zur Qual, wenn die Katze älter wird, groß oder mollig ist oder Gelenkprobleme hat.

Mobbing auf dem Katzenklo

Kluge Katzen gehen strategisch vor: Sie warten ab, bis »der Feind« abgelenkt ist, und nutzen die Situation aus. Blacky zum Beispiel wartet darauf, dass sich Belinda heimlich und schnell ins Badezimmer begibt. Kaum hört er das Geräusch des Scharrens, setzt er sich vor den Ausgang der Deckeltoilette und lässt sie nicht mehr hinaus. Oder aber er springt auf den Deckel und langt mit den Pfötchen hinein, sobald sich etwas bewegt. Die verängstigte Belinda ist gezwungen, auf menschliche Hilfe zu warten, um aus der Falle zu entkommen. Sie sucht sich bald eine angstfreie Alternative – das Bett.

Regeln für die Katzentoilette

Pro Katze sollte es mindestens eine Toilette geben. Die Toilettengröße muss zur Körpergröße passen. Generell gilt: Sie muss so groß wie möglich sein, damit das Tier sich drehen und wenden kann, ohne an den Seiten anzustoßen. Das stille Örtchen sollte auch wirklich ein ruhiger Platz sein – ohne aufdringlichen Lärm oder starke Gerüche, etwa von Wasch- oder Putzmitteln. Sauberkeit ist wichtig: Je öfter sie benutzt wird, umso häufiger muss sie geputzt werden. Mindestens zweimal täglich sollten Kot und Urin entfernt werden. Möchten Sie neben Ihrer Toilette frühstücken? Sicher nicht. Ihre Katze auch nicht. Futternäpfe und Katzenklo sollten also niemals nebeneinanderstehen.

Welches Katzenklo macht die Mieze froh?

Nicht jede Streu ist der Katze genehm.

Eine traurige Geschichte: Stress, Angst und Blasenentzündung

Neugier ist eine Eigenschaft, die Katzen gerne zugeschrieben wird. Aber ebenso sind die Minitiger auch Gewohnheitstiere, die ihre täglichen Rituale lieben. Gerät ihre Welt aus den Fugen, etwa weil sie im Urlaub in eine Katzenpension übersiedeln müssen, weil ein neuer Mensch oder ein anderes Tier einzieht, dann kann das bei eher ängstlichen Naturen durchaus für erheblichen Stress sorgen. Wenn diese Tiere dann in solch ungewohnten Situationen die Toilette meiden, ist das kein Protest, sondern ein Zeichen für tiefe Verunsicherung. Diese Katzen brauchen Hilfe, keine Strafe.

Coralie ist eine 16-jährige Katzendame, eine reine Wohnungskatze. Nach dem Urlaub ihres Frauchens weigert sie sich auf einmal, die gewohnte Toilette zu benutzen und bevorzugt den Teppich in der Küche. Sie wirkt zurückgezogen, die täglichen Schmuseeinheiten werden nicht mehr eingefordert, Spiele interessieren sie kaum noch. Stattdessen liegt sie stundenlang auf der Fensterbank über der Heizung und starrt nach draußen. Ist das das Alter? Der Protest gegen die Abwesenheit des vertrauten Menschen? Der müsste doch irgendwann vorbei sein. Ist es die Angst vor dem fremden Catsitter? Aber auch die müsste sich inzwischen gelegt haben. Doch Coralie meidet auch nach Wochen die Katzentoilette. Krank kann sie ja nicht sein, denn sie frisst, wie immer, mit gutem Appetit.

Fälle wie diese sind leider häufig. Und sie haben weder etwas mit Alter noch mit dem Geschlecht zu tun, sondern mit Schmerzen. Katzen sind, das ist bekannt, wahre Meister im Verbergen von Schmerzen. Schon die geringste Verhaltensänderung sollte den Tierhalter daher aufmerksam machen und den Weg zum Tierarzt antreten lassen. Eine Blasenentzündung, fachlich »Zystitis« genannt, gehört zu den häufigsten Erkrankungen der Katzen. Sie zeigt sich aber nicht in mangelndem Appetit, sondern in Schmerzen beim Urinabsetzen. Die verstörten Tiere machen für das unangenehme Brennen die Toilette, den Ort der Schmerzen, verantwortlich und suchen nach Alternativen. Blasenentzündung, nicht Protest, ist die häufigste Ursache für Unsauberkeit bei Katzen.

Warum macht meine Katze das?

Die Katze verbindet bei einer Blasenentzündung zwei Dinge: Toilette und Schmerz. So ist das Katzenklo quasi verantwortlich für das Unwohlsein. Da ist es nur natürlich, dass sie nach anderen Möglichkeiten sucht. Und Betten, Polstermöbel, Handtücher, Kleidungsstücke sind warm, weich und riechen aus Katzensicht angenehm nach Mensch. Ihre Hinterlassenschaften wirklich zuscharren können die Tiere aber nur in Streu – ein Grund, warum sie zwischendurch immer wieder auch die Toilette ausprobieren, nur um erneut frustriert nach Alternativen zu suchen.

Weiß, grau, Sand, Holz oder Betonit – was darf es sein?

Das Urinieren auf weiche Unterlagen kann auf eine Blasenentzündung hinweisen.

Bei Unsauberkeit geht absolut kein Weg am Tierarzt vorbei. Nur eine Untersuchung des Harns kann zuverlässig Auskunft geben. Oft werden die Tierhalter dann mit der Diagnose FLUTD konfrontiert. Gemeint ist »Feline Lower Urinary Tract Desease« also Harngrieß oder Harnsteine. Beides geht oft einher mit einer Entzündung. Grieß und Steine können sich in der Harnröhre festsetzen. Das ist besonders für die Kater aufgrund der Anatomie der Harnröhre sehr gefährlich. Denn ein Verschluss führt zu irreparablen Nierenschäden oder lebensgefährlichem Nierenversagen. Das wichtigste Gebot bei Unsauberkeit: Die Katze beim Tierarzt vorstellen und den Urin untersuchen lassen. Sind die Schmerzen verschwunden und die Entzündung behandelt, suchen die Tiere wieder von ganz alleine die Katzentoilette auf. Leider sind Blasenentzündungen hartnäckig und Tiere, die zu Harngrieß neigen, sollten regelmäßig kontrolliert werden. Oft ist auch ein spezielles Diätfutter ratsam, das längere Zeit verfüttert werden muss. Wichtig ist in jedem Fall zu wissen, ob es sich bei den Ablagerungen um Struvit oder Calciumoxalat handelt, denn beides muss unterschiedlich therapiert werden.

Tipp: Was tun gegen Unsauberkeit

1. ***Lassen Sie den Urin beim Tierarzt untersuchen.***
2. ***Desinfizieren Sie verschmutzte Stellen.***
3. ***Schaffen Sie für die verschmutzten Stellen eine neue Bedeutung. Funktionieren Sie sie um zum Spiel-, Schlaf- oder Futterplatz.***
5. ***Optimieren Sie die Toilettensituation. Stellen Sie zusätzlich eine neue Toilette ohne Deckel auf und polstern Sie diese mit weichen Materialien aus. Geben Sie nach und nach sandige Streu dazu und schieben Sie die Toilette dahin, wo sie endgültig stehen soll.***
6. ***Sobald die Katze die Toilette verlässt, loben Sie sie überschwänglich und belohnen Ihr Tier mit einem Leckerchen oder einer Streicheleinheit.***

Mein Haus, mein Mensch, mein Futternapf – Markieren

Teddy und Kimba sind zwei stattliche Kater in den besten Jahren. Sie bewohnen ein großes Haus, nennen einen hübschen Garten ihr Eigen, in dem sie stromern können. Und sie werden von ihren Menschen geliebt und gepflegt. Leider überbieten sich die beiden schon seit über einem Jahr darin, im Haus zu markieren. Genauer gesagt, kommen sie vom Revierkontrollgang nach Hause und spritzen in der Küche gegen die Fenster, an die Terrassen- und die Eingangstür. Neuerdings hat sich Teddy auch noch den Wohnzimmerschrank als Zielobjekt ausgesucht. In aller Seelenruhe stellt er sich davor und spritzt das edle Möbelstück an. Wie kann das sein? Beide Kater sind doch seit Jugendtagen kastriert. Das haben die Herren Kater mit Kätzin Laila gemeinsam. Auch sie markiert – vorwiegend im Wohnzimmer, indem sie gegen das Klavier und eine ganz bestimmte Steckdose spritzt.

Wenn überhaupt möglich, erschüttert das Markieren die Katzenbesitzer noch mehr als das Urinieren. Denn oft herrscht noch die Meinung vor, dass Kastraten im Gegensatz zu potenten Tieren nicht markieren könnten. Der Alltag aber beweist: Sie können es doch, und zwar beide Geschlechter. Markieren ist keine Krankheit und kein abweichendes, sondern völlig normales Katzenverhalten. Mit Markierungen werden im Revier Botschaften an andere Katzen übermittelt und Grenzen signalisiert. »Alles meins«, könnte es heißen«. Oder auch: »Ich war hier.«

Wenn kastrierte Tiere markieren, hat das immer mit einem Umstand zu tun, der in ihnen eine gewisse Anspannung auslöst. Oft sind das Begegnungen mit anderen Artgenossen. Kimba und Teddy zum Beispiel bekommen in ihrem Garten öfters ungeladenen Besuch von einem fremden Streuner, der sich hier offensichtlich ziemlich heimisch fühlt. Der große Schwarze scheint den Garten als Teil seines Reviers zu betrachten und macht es sich in aller Seelenruhe im Hortensienbusch gemütlich. Lustwandeln die eigentlichen Revierherrscher nichts ahnend des Weges, gibt es lautstarke Auseinandersetzungen. Kommt es nicht zum Treffen der drei Herren, dann hinterlässt der freche Eindringling seine Duftmarken überall an den Büschen. Und was das Schlimmste ist: Offensichtlich ist der Schwarze nicht nur dreist, sondern auch schlau. Er hat die Katzenklappe ausspioniert und den Weg in die Küche gefunden, in das Allerheiligste, wo gefressen wird. In einem Anfall von Mitleid haben die Menschen ihn auch noch gefüttert, zwar nur draußen auf der Terrasse, aber das reichte schon aus, um ihn immer wieder anzulocken. Angriff eines Stinkers auf eigenem Territorium? Das können Teddy und Kimba nicht auf sich sitzen lassen: Sie markieren. Und wenn sie schon draußen nicht immer präsent sein können, dann wenigstens im Haus – per Urinstrahl an den strategisch wichtigen Ein- und Ausgängen oder besonders exponierten Stellen.

Fast noch schlimmer ergeht es Seppl, dem Grautiger. Wenn er auf dem Balkon sitzt und unten auf dem Rasen treibt sich frech die Katerkonkurrenz herum, wird er schier verrückt vor Anspannung. Was würde er dafür geben, jetzt hinauszukommen und mitzumischen. Aber seine Menschen lassen ihn nicht. Seine Anspannung löst sich, indem er sich herumdreht und gegen die Balkontür markiert.

Kätzin Minou ist eine freundlich-soziale Dame. Nur leider meint Jung-Macho Carlos, sie immer und immer wieder drangsalieren zu müssen. Minou zieht sich zurück in ein Zimmer. Nur manchmal nutzt sie die Gelegenheit, per Harnmarkieren im Wohnzimmer zu zeigen: »Ich bin auch noch da.« Solche Beispiele zeigen: Markieren hat oft etwas mit anderen Katzen oder Tieren zu tun. Und die Wahrscheinlichkeit des Markierens wird immer höher, je größer die Gruppe wird, je mehr der Stresspegel steigt und je weniger die Gruppe harmoniert. Dabei sind es längst nicht immer die wirklichen Bosse oder die Rudelchefinnen, die markieren. Sondern diejenigen, die in der zweiten Reihe stehen, und auf diese Art und Weise sich und den Anderen etwas beweisen wollen.

Wie Kater Mauser. Der lebt in einer Gruppe mit noch drei anderen Katzen eigentlich friedlich zusammen, genießt den Freigang in ländlicher Idylle und führt, so könnte man meinen, ein freudvolles Katerdasein. Zum Leidwesen seiner Menschen aber markiert er seit Jahr und Tag. Bis eines Tages ein 14 Jahre alter Notfall einzieht. Erfahren, weise, selbstverständlich und ohne jede ernsthafte Auseinandersetzung übernimmt der alte Django das Ruder und die Chefrolle. Und Mauser stellt das Markieren ein.

Warum markiert meine Katze in Steckdosen?

Die Antwort auf diese Frage ist nicht leicht zu finden. Tatsächlich scheint es eine kätzische Vorliebe für Strom und Elektrogeräte zu geben. Bei Steckdosen mag ja noch sein, dass sie sich häufig in Bodennähe, also Markierhöhe befinden. Wobei es auch Katzentiere gibt, die eigens auf den Schreibtisch springen, um in die dort angebrachte Steckdose zu spritzen. Aber was andere Katen antreibt, gegen Mikrowellen, Kühlschränke oder Backöfen zu spritzen, ist noch nicht wirklich geklärt.

Markieren als Reaktion und als Gewohnheit

Markieren kann eine unmittelbare Reaktion auf etwas sein, das Anspannung, Unwohlsein, Angst, Stress, Aggression ausgelöst hat. Das verstehen die Menschen, wenn sie es auch längst nicht immer tolerieren können. Wenn sich aber das Markieren verselbstständigt und zur Gewohnheit wird, hat kaum noch ein Katzenliebhaber Geduld, Nerven und Verständnis. Wie immer gilt:

Je länger das Verhalten ausgeübt wird, umso schwieriger wird es, es der Katze wieder abzutrainieren. Das braucht Zeit und Geduld.
Übrigens markieren Katzen ja nicht nur mit Harn, sondern auch mit ihren Gesichtspheromonen, indem sie sich etwa an Menschenbeinen, Stuhl- oder Tischbeinen reiben. Und es macht Sinn, diese Gesichtsmarkierungen zu belassen, weil gerade diese Stellen eben nicht auch noch mit Harn markiert werden.

Was können Sie gegen das Markieren tun?

Klären Sie die Ursachen: Stress in der Gruppe, fremde Katzen, Umzug, neues Revier, Veränderungen im gewohnten Alltag? Wenn die Ursache wirklich in der Zusammensetzung der Gruppe liegt, sollten Sie überlegen, ob es nicht besser ist, für das markierende Tier ein neues Zuhause zu finden.

Reinigen Sie die harnmarkierten Stellen gründlich und desinfizieren Sie sie, wenn möglich. Hausmittel wie Essig sind nicht nur wirkungslos, sie verschlimmern das Geruchsproblem sogar. Spezielle Geruchsbeseitiger für Tierurin wirken besser.

Pheromonstecker oder Verdampfer können helfen. Sprühen Sie die markierten Stellen damit ein oder stecken Sie in der Nähe einen Verdampfer in die Steckdose. Der Duft soll dazu beitragen, Entspannung und Wohlgefühl zu vermitteln.

Mehr Toiletten schaden niemals – vor allem nicht in einem Mehrkatzenhaushalt. Sie können auch versuchen, die Markierstelle umzufunktionieren in eine erlaubte Toilettenstelle und das Katzenklo übergangsweise dorthin stellen, wo markiert wurde. Hilfreich ist dabei eine Folie, an der Wand angebracht, die in die Toilette hineinragt, so dass der Urin von der Folie in das Klo laufen kann.

Medikamente, die darauf abzielen, Angst und Stress zu lösen, können hilfreich sein. Diese Arzneimittel kann jedoch nur der Tierarzt verordnen, der auch die Therapie begleitet.

Kapitel 5

Von Liebe und Krieg – Aggression

Lexus ist ein Prachtkerl. Ein großer, kräftiger, pechschwarzer Kater mit Siam-Genen, lebhaft und verspielt. Er ist sehr auf seine Halterin fixiert und taxiert deren neuen Freund, so scheint es, mit tiefem Misstrauen. Das ist zwar keine Liebe zwischen den beiden Herren, aber auch kein Hass.

- *Formen von Aggression*
- *Abwehraggression*
- *Offensive Aggression*
- *Der Mensch – Freund oder Feind*
- *Dich mag ich – Dich mag ich nicht*
- *Aggression gegen Vierbeiner*
- *Wedeln und wedeln bedeutet nicht das Gleiche*
- *Wenn Katezn sich selbst verletzen*
- *Zerstörungswut*

Aggression, wenn auch spielerisch, kennen schon junge Katzen.

Formen von Aggression

Bis Lexus urplötzlich und aus heiterem Himmel Jagd auf die Beine des jungen Mannes macht, schlägt, kratzt und sich festbeißt. Kein Schimpfen, kein Aussperren hilft mehr, der Kater wird immer aggressiver, auch gegenüber Besuchern. Jeder, der sich durch die Wohnung bewegen will, wird attackiert. Lexus lauert unter dem Sofa, springt plötzlich hervor und greift die Menschen an. Das macht dem Besuch Angst und seine Halterin einsam.
Sunny ist eine kleine Main-Coone-Mischlingskätzin, die mit sechs Wochen an ihre jetzigen Menschen abgegeben wurde. Sie lebt mit der Familie und einem dreijährigen Kind zusammen in der Wohnung. Alles geht gut, bis Sunny plötzlich dem Kind auf den Kopf springt, kratzt und beißt. Die Mutter ist entsetzt, das Kind schreit, die Katze wird ausgeschimpft. Das Misstrauen bleibt. Warum tut sie das?

Solche und ähnliche Geschichten passieren leider nicht selten und führen meist dazu, dass sich die Katzen sehr schnell im Tierheim wiederfinden – mit schlechten Vermittlungschancen, weil sie ja gegenüber Menschen aggressiv sind. Auch hier, wie beim Thema Unsauberkeit, ist Ursachenforschung das oberste Gebot. Bei Aggression sind eben auch organische Ursachen nie auszuschließen. Das reicht von Infektionsarten über Erkrankungen des Zentralen Nervensystems, Schilddrüsenerkrankungen und Bluthochdruck bis hin zu Meningeomen, also Hirntumoren. All das kann zuverlässig nur der Tierarzt abklären.

Abwehraggression

Um zu verstehen, warum eine Katze von einer Sekunde zur anderen aggressiv wird, ist es wichtig, die Situation zu betrachten, in der dieses Verhalten aufgetreten ist. Oft ist, was wir als Aggression werten, etwa wildes Fauchen, eher eine Warnung, aus Angst geäußert und als Abschreckung gedacht. Fühlt sich ein Tier bedrängt, sei es von Menschen oder anderen Tieren, wird das Fauchen als Abwehrsignal eingesetzt. »Komm nicht näher und lass mich ja in Ruhe«, heißt das im Klartext. Unterschreitet ein Mensch in einer solchen Situation die so genannte Wehrdistanz, um das Tier hochzuheben oder anzufasse, und hat die Katze keine Möglichkeit zur Flucht, dann wird sie angreifen – aus »Notwehr«. Das ist und bleibt aber eine defensive Aggression, geboren aus Angst. Viele Tierärzte kennen das: Durch Festhalten, ohne Möglichkeit zur Flucht, mutieren manchmal auch die liebsten Schmusekatzen innerhalb von Sekunden zu rasenden Tigern.

Das hat zwar den Katzen den bösen Ruf von Unberechenbarkeit und Hinterlistigkeit eingetragen, ist aber letztlich doch auch nur eine Abwehraggression: Die Katze beißt in die Hand, die sie streichelt. Auch wenn wir Menschen, manchmal unempfänglich für die Feinheiten der kätzischen Kommunikation, das nicht verstehen – das Tier hat uns gewarnt. Und das auf die Art, die einer Katze eigen ist – mit ihrer Körpersprache. Wenn die Samtpfoten das Streicheln als unangenehm empfindet, wenn sie sich bedrängt fühlt, kurz, wenn es ihr einfach zu viel wird, dann zeigt sie das. Die Ohren drehen nach hinten, die Pupil-

Streit kommt in den besten Familien vor.

len erweitern sich, der Rücken spannt sich. Erfahrene Catsitter wissen, dass es jetzt an der Zeit ist, die Hände in Sicherheit zu bringen und die Mieze nicht weiter zu belästigen. Wer für solche eindeutigen Warnungen unempfänglich ist, der bekommt die Abwehrstufe zwei zu spüren: Das Tier beißt oder kratzt blitzschnell denjenigen, der doch vermeintlich Gutes tun will.

Ähnliches gilt für Aggressionen, die aus Schmerzen entstehen. Wer etwa ein verletztes Tier an der Straße findet und helfen möchte, tut gut daran, sich mit Decke oder Handschuhen zu bewaffnen, denn es kann sein, dass die Katze in wilder Panik um sich beißt und ihren Retter kratzt.

Offensive Aggression

Auch eine offensive Aggression kommt bei Katzen vor – aber in anderen Situationen. Eine überzogene Spielaggression sieht für Menschen oft alles andere als spielerisch aus. Wenn zum Beispiel sehr junge Katzen mit den Geschwistern balgen und raufen, dann finden wir das meistens niedlich und entzückend. Wenn die gleichen Jungkatzen als Ersatz mit unseren Füßen oder Händen kämpfen, tolerieren wir das und finden es lustig. Wenn dann aus dem Welpen aber eine erwachsene Katze geworden ist, die immer noch schmerzhaft ihre Krallen in Füße schlägt, dann hört der Spaß auf, oder? Wer die spielerischen Aggressionen seiner jungen Katze duldet und

Zwischen Kind und Katze kommt es leicht zu Missverständnissen.

fördert, darf sich nicht wundern, wenn das erwachsene Tier damit fortfährt. Vorbeugen und erziehen ist in diesem Fall sicher angenehmer als Pflaster zu kleben.

Schwieriger wird es, wenn ein Katzentier »territorial aggressiv« agiert. Das merken vor allem diejenigen Menschen, die in guter Absicht der Revierbeherrscherin eine oder mehrere Samtpfoten vor die Nase setzen wollen. Cleo, die dreifarbige Schönheit mit den weißen Pfötchen, ist eine wahre Prinzessin. Und als solche beansprucht sie viel Aufmerksamkeit von ihrem Menschen, ausgewähltes Futter und bewährte Rituale in der Fellpflege. Und schon gar nicht denkt sie daran, das alles mit einem dahergelaufenen Feld-, Wald- und Wiesenkater zu teilen, der frech des

Aus dem entspannten Kraulen kann blitzschnell Beißen werden.

Weges kommt und sich in ihr Leben mischen will. Und obwohl die Gewichte im wahrsten Sinne des Wortes ungleich verteilt sind, versucht die zierliche Cleo den kräftigen Kater mit allen Mitteln wieder loszuwerden. Sie jagt ihn vom Sofa, ja sie scheucht ihn vom Kratzbaum herunter. Sie stellt ihn auf der Toilette und lauert ihm auf, wenn er schläft. Er hat keinen Platz und keinen Rückzugsort für sich, geschweige denn darf er sich zwischen Cleo und ihre Menschen drängen.
Solche sehr unsozialen und einzelgängerischen Katzen gibt es immer wieder. Meist ist ihr Verhalten in früher Jugend geprägt worden. Zum Beispiel dadurch, dass sie früh von Mutter und Geschwistern getrennt wurden und den Umgang mit Artgenossen nicht oder nur schlecht gelernt haben. Katzen können sozial sein, sie müssen es aber nicht. Je nach Prägung und Sozialisation, je nach Alter, Rasse und Temperament sind sie mal mehr, mal weniger freundlich im Umgang mit

Sorry, Du warst nicht gemeint

Zira und Zora sind zwei Britisch-Kurzhaar-Schwestern, die sehr aneinander hängen und liebevoll miteinander umgehen. Zwar balgen sie manchmal mit- einander, aber das bleibt sanft und eher freundschaftlich. Bis eines Tages der Katzenhalterin in der Küche eine Glasschüssel auf den Boden fällt und zerbricht, während Zora daneben sitzt. Die stürzt plötzlich wie eine Furie ins Wohnzimmer direkt auf ihre nichtsahnende Schwester Zira zu. Ein Teufelkreis nimmt seinen Anfang, weil sich Zira, zunächst völlig überrascht, heftig wehrt. Das Misstrauen ist da, der Friede gründlich gestört.
Etwas Ähnliches erleben auch manche Katzenbesitzer, wenn sie mit ihrer Mieze vom Tierarzt zurückkehren. Das arme angstgeplagte Tier wird von der daheim gebliebenen Mitbewohnerin traktiert und gejagt, die offensichtlich die vertraute Gefährtin nicht wiedererkennt.
Bruno, ein stattlicher junger Kater, steht an der Terrassentür und sieht die Konkurrenz draußen durch das Revier spazieren. Leider kann er nicht durch die Scheibe springen, um für Ordnung zu sorgen. Aber zu gerne würde er jetzt mitmischen – und welche Frustration, dass er das nicht kann, wonach ihn jetzt alles drängt. Plötzlich dreht er sich um und greift seine zufällig vorbeikommende Schwester Sina an, die davon völlig überrascht ist. Als Parzivals Kampfwunden im Badezimmer von seiner Halterin versorgt

Artgenossen. Und will eine Einzeldiva keine andere Göttin neben sich dulden, dann macht es auch keinen Sinn, sie dazu zu zwingen. So schwer das fallen mag, gibt es bei echter territorialer Aggression meist keinen anderen Ausweg, als ein Tier wieder abzugeben.

werden sollen und der tapfere Ritter sich heldenhaft dagegen wehrt und wie am Spieß schreit, stürzt sich sein Freund Gustav wie eine Furie nicht etwa auf den Menschen, sondern auf den armen Parzival.
All diesen Situationen ist etwas gemeinsam: Ein großer Schreck oder große Angst schlagen blitzschnell um in Aggression. Die richtet sich recht wahllos gegen denjenigen, der gerade in der Nähe ist – sei es Mensch, Hund oder Katze. »Umgelenkte« oder »umgerichtete« Aggression nennt sich dieses Phänomen. Oft ist sie der Ausgangspunkt für lang anhaltende Konflikte zwischen ehemals sich freundlich zugewandten Tieren. Jedenfalls dann, wenn das Missverständnis nicht geklärt und die Stimmung nicht bereinigt werden kann (s. Aggression in der Katzengruppe).

Formen von Aggression

Angstaggression: *Abwehr von Gefahr*

Schmerzaggression: *Der Helfer wird womöglich gebissen*

Spielaggression: *Überzogenes Spielverhalten, häufig bei jungen Katzen*

Territoriale Aggression: *Eine Katze macht unmissverständlich klar, dass sie nicht teilen will*

Umgelenkte Aggression: *Nicht zielgerichtet, entsteht aus großem Schreck oder Angst*

Idiopathische Aggression: *Aggressive Schübe mit unbekannter und unerklärbarer Ursache*

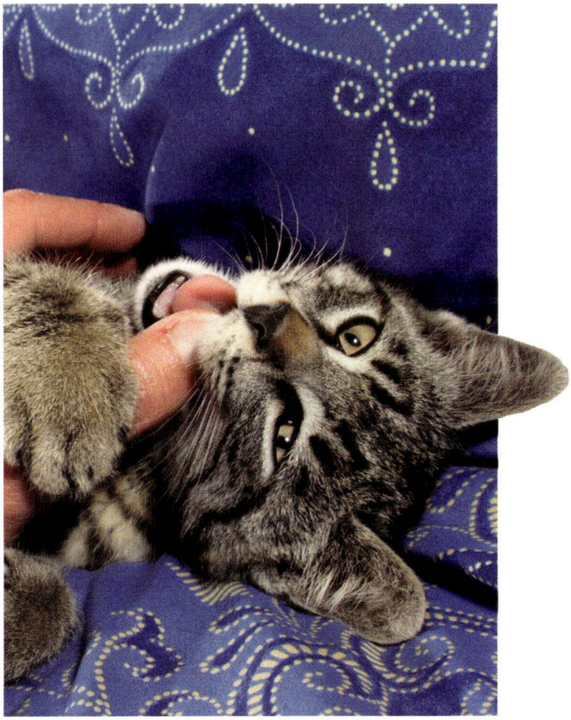

Zupacken und zubeißen – nicht Hinterlist, sondern Abwehr.

Der Mensch – Freund oder Feind?

Wenn eine Katze einen Menschen angreift, bringt das unser ganzes Tierbild durcheinander. Katzen gelten als sanft, anschmiegsam, weich, warm, kuschelig. Über aggressive Hunde und Beißvorfälle gibt es viel zu lesen, über aggressive Katzen wenig. Dabei haben die Miniaturtiger die Instinkte, den Körper und die Waffen eines Jägers. Menschen gehören natürlich nicht in das Beuteschema einer Katze. Dennoch kommt es immer wieder auch zu Aggressionen gegenüber Zweibeinern. Häufig sind dabei Kinder betroffen. Weder stimmen Horrormärchen, in denen Katzen sich zu einem Säugling ins Kinderbettchen

Noch ist das niedlich …

legen, um ihn zu erdrücken oder zu ersticken. Noch haben Schauergeschichten etwas mit der Wirklichkeit zu tun, in denen eine Katze einem Kind bewusst auflauert, um es zu verletzen.

Häufig dagegen gibt es eine leidvolle Folge von Missverständnissen zwischen Kind, Katze und Eltern. Einem Tier Eifersucht zu unterstellen, würde bedeuten, menschliches Verhalten einfach ungeprüft auf ein anderes Lebewesen zu übertragen. Es trifft jedoch häufig zu, dass sich das Leben einer Katze mit dem Einzug eines Säuglings komplett verändert. Und Veränderungen sorgen für Irritationen. Plötzlich steht das Tier nicht mehr im Mittelpunkt, darf bestimmte Räume nicht mehr betreten, bekommt weniger Zuwendung, wird vernachlässigt. Gewohnte Rituale entfallen. Dennoch wird eine Katze deshalb nicht aus »Rache« oder »Eifersucht« angreifen. Vielmehr werden sie unbekannte Geräusche und Gerüche eines fremden Lebewesens entweder interessieren oder ihr Angst machen. Neugierig Beschnuppern oder ängstlich verstecken, heißt gewöhnlich die Wahl für die Katze. Nicht aber Angriff aus Unmut.

Schwierig wird es dann, wenn Kinder ins Krabbelalter kommen und unbedarft sowohl auf das Tier losgehen, als auch danach greifen und es festhalten wollen. Das widerspricht allen Regeln der Katzenetikette, und manche Samtpfote weiß sich dann nicht anders zu helfen, als mit einem Gegenangriff.

Keine Pfote weiter, sonst setzt es Hiebe.

Was können Eltern tun?

Kind und Katze müssen lernen, den Anderen und seine Bedürfnisse zu respektieren. Den Eltern kommt dabei die Vermittlerrolle zu.
Vor allem sehr kleine Kinder und Tiere sollten nie ohne Aufsicht alleine gelassen werden.
Wenn die Katze das Kinderzimmer nicht betreten soll, dann muss diese Regel eingeübt und konsequent beachtet werden.
Die Katze braucht Rückzugsorte und Lieblingsplätze, die für das Kind tabu sein sollten, ebenso wie verlässliche Zuwendung und Beschäftigung.
Kinder sollten lernen, die Körpersprache einer Katze zu beobachten und zu verstehen.

Dich mag ich, Dich mag ich nicht

Die Zuneigung eines Tieres muss man sich erarbeiten, bei Katzen gilt das ganz besonders. Manche Miezen haben ausgeprägte Vorlieben – einige Menschen werden angehimmelt, andere können sich ein Bein ausreißen und werden doch missachtet. Das hat oft mit menschlichen Körpersignalen zu tun. Wer sich von oben herab beugt, nach der Katze greift, sie geradeaus anstarrt, sie laut anspricht, sich hektisch bewegt ist unhöflich und darf sich nicht wundern, bestenfalls ignoriert zu werden. Männer schneiden dabei meist schlechter ab: Eigenschaften wie groß, kräftig und laut sind für Tiere auf Samtpfoten nicht unbedingt Sympathiekriterien. Dennoch greift eine Katze den viel größeren Menschen niemals an, es sei denn, sie fühlt sich massiv bedroht oder selbst angegriffen. Oder sie bringt einen bestimmten Menschen mit schlimmen Schmerzen oder großer Angst in Verbindung, selbst wenn der objektiv damit nichts zu tun hat, wie bei der schon geschilderten umgelenkten Aggression. Hier hilft oft eine »Gegenkonditionierung«, also das Nichtbeachten von Angstaggression und Belohnung sowie Zuwendung für erwünschtes Verhalten. Richtet sich etwa die Abwehr gegen einen neuen Partner, dann sollte dieser die Fütterung und Belohnung mit Leckerchen komplett übernehmen. Denn Katzen lernen sehr schnell, wer ihr Versorger ist.

Nicht ohne meine Kinder

Julia, eine Persermischlingsdame und Fundkatze, bekommt ein neues Zuhause. Sie ist trächtig, wie sich herausstellt. Alles ist gut, bis Julia ein einziges Kind auf die Welt bringt. Von der Stunde an greift sie alles und jeden an, der sich ihr nähert. Ihre Menschen trauen sich nur noch mit Motorradkleidung oder Besen bewaffnet in das Zimmer, in dem Julia residiert. Wie oft dieser Katzenmutter schon die Kinder weggenommen wurden, weiß niemand. Jedenfalls kämpft sie wie eine Löwin um dieses eine Junge. Diese Brutverteidigung lässt erst nach, als der kleine Kater größer und selbstständiger wird. Diese maternale Aggression, die Verteidigung des Nachwuchses, ist nicht nur katzentypisch, sie findet sich auch bei anderen Tierarten. Und es gibt durchaus Kätzinnen, die ihren vertrauten Menschen geradezu dazu auffordern, sich an der Brutpflege zu beteiligen. Auch hier spielen die Prägung und die Erfahrungen der Katzenmutter eine wichtige Rolle.

»Löwenmutter«

High Noon: Wer zieht zuerst?

Gefürchteter linker Haken.

Auf dem Rücken, aber noch lange nicht besiegt.

Aggressionen gegen Vierbeiner

Krieg kommt in den besten Familien vor – auch in Katzenfamilien. Tatsächlich sind Auseinandersetzungen zwischen pelzigen Mitbewohnern oft der Grund für menschliche Verzweiflung. Wenn der Friede nachhaltig gestört ist und kein Tag ohne fliegendes Fell vergeht, leidet nicht nur eine Katze. Auch der Mensch gerät unter Stress.

Zu heftigen Auseinandersetzungen kann es selbst bei vertrauten oder verwandten Tieren kommen – durch alle Arten von Missverständnissen oder nach dem Tierarztbesuch. Aber auch Schmerzen oder veränderter Körpergeruch können eine Rolle spielen. So wird Buddy ständig von seinem bislang besten Kumpel Fritz angefaucht und attackiert – bis auch die weniger empfindliche Nase des Menschen bemerkt, dass Buddys Urin seltsam riecht. Der große Rote hat eine heftige Blasenentzündung und seine nach Krankheit riechenden Hinterlassenschaften in der Katzentoilette irritieren den Freund.
Häufig problematisch sind Zusammenführungen und Vergesellschaftungen von einander fremden Tieren. Leider gibt es keine Patentrezepte dafür, wer zu wem passt. Nur die goldene Regel, dass zwei, die zusammenleben sollen, auch vom Wesen und vom Temperament her möglichst ähnlich sein sollten (siehe Seite 24). Aber selbst die beste Vorbereitung und Planung bietet keine Garantie für ein friedliches Zusam-

Solche Drohungen kann niemand ignorieren.

Was überwiegt – die Aggression oder die Angst?

Gleich fahre ich die Krallen aus.

menleben. Irgendwann muss der Mensch die Entscheidung treffen: Kann dieses Nebeneinander und Gegeneinander auf Dauer für alle Beteiligten noch gut werden? Dazu ist es sinnvoll zu analysieren, in welchen Situationen welche Form von Aggression auftritt.

Milo etwa ist in dem vierköpfigen Katzenrudel der absolute Schreckensherrscher. Der schwarz-weiße Kater verbreitet unter seinen Mitbewohnern nur noch Panik. Lilly, die jüngste und Kleinste, uriniert vor Angst, wenn sie ihn nur sieht, und selbst Kater Moritz flüchtet sich auf den Schrank, wenn Milo des Weges kommt. Seine Besitzerin trennt die beiden Parteien, wenn sie tagsüber aus dem Haus geht. Aber kaum treffen die Herrschaften abends aufeinander, geht der Streit von Neuem los. Milo, so scheint es, greift ohne Ankündigung sofort alles an, was Katze heißt. Mit dem Hund der besten Freundin, die öfters zu Besuch kommt, hat er dagegen Freundschaft geschlossen und beschnuppert ihn ganz friedlich. Irgendwann beschließt die Halterin, für Milo ein neues Zuhause zu suchen. Dort kann er als Einzelkater, ohne Revierkonkurrenten friedlich und entspannt leben. Und seine drei ehemaligen Mitbewohner auch. So schmerzhaft eine solche Entscheidung für den Menschen auch sein mag: Manchmal ist sie der einzig richtige Weg, um jahrelangen Dauerstress zu beenden.

Aggression in der Katzengruppe

Katzenkontrahenten räumlich zu trennen, wenn der Mensch nicht dabei ist und nicht eingreifen kann, ist in akuten Krisensituationen immer richtig. Aber das ist nur der erste Schritt. Wichtig ist die erneute Zusammenführung in einer positiven, angstfreien Situation, etwa beim Füttern oder Spielen. Anfangs sollte eine größere Distanz gewahrt werden, später können die Tiere näher zueinander kommen. Wichtig ist die Verstärkung von erwünschtem, also friedlichem Verhalten durch Lob und Belohnung. Absolut kontraproduktiv ist es, die Tiere, die sich in einer Wohnung nicht wirklich aus dem Weg gehen können und sich ein Revier teilen müssen, ihre Kämpfe immer wieder austragen zu lassen.

Freund oder Feind?

Wedeln und wedeln bedeutet nicht das Gleiche

In vielen Familien leben Hund und Katze friedlich zusammen. Oft aber bietet es auch Zündstoff, wenn zwei so unterschiedliche Tierarten aufeinandertreffen. Da ist häufig nicht nur ein gewaltiger Größenunterschied erkennbar, sondern auch ein komplett anderes Sozialverhalten. Und eine Körpersprache, die für Missverständnisse sorgt. Was bei dem Einen ein Zeichen für Freude ist, ist bei dem Anderen eine Drohung. Eine freundliche Geste für den Hund ist bei der Katze womöglich ein Bruch der Etikette. Deshalb funktioniert das Zusammenleben immer noch am besten, wenn Hund und Katze jung aufeinandertreffen. Dann lernen beide spielerisch, sich anzunähern und zu respektieren. Einer erwachsenen oder betagten Samtpfote einen Hundewelpen vorzusetzen, geht selten wirklich gut. Die Erziehungsmethoden der Katze wird der Welpe schmerzhaft zu spüren bekommen. Und selbst wenn eine Hündin verwaiste Katzenkinder mit groß zieht, kann es durchaus sein, dass sie, genervt, irgendwann nach den Kleinen schnappt, sobald diese aufdringlich und vorlaut die Welt erkunden. Das Potenzial von Missverständnissen und Verletzungen ist groß – das macht das Zusammenleben nicht unmöglich, aber manchmal sehr schwierig.

Und dann gibt es natürlich auch noch jene Revierbosse und Katerchefs, die Hunden, die unerlaubt die Straße vor ihrem Haus betreten, deutlich die Meinung geigen – so lange der Feind angeleint ist und von Menschen zur Ordnung gerufen wird. Was sich wohl Larry, der große altdeutsche Schäferhund, und Max, der kräftige Kater, morgens zu erzählen haben mögen?

Durch das Gartentor getrennt sitzen sie sich gegenüber. Nicht ganz Auge in Auge, aber jeder mit reichlich Selbstbewusstsein ausgestattet. Keiner weicht und wankt, das Duell wird nur mit Blicken ausgetragen. Bis Larrys Besitzerin nach Hause will und an der Leine zieht. »Bis morgen, Kleiner, man sieht sich.«

Das sind die Augen eines Jägers ...

Freund oder Beute?

Nichts ist anrührender, als wenn zwei, die sich eigentlich zum Fressen gerne haben müssten, in echter Freundschaft verbunden sind. Und deshalb gefallen uns so besonders gut Fotos von friedlich kuschelnden Hunden und Katzen oder Katzen und Meerschweinchen oder Kaninchen. Vertrauen ist gut – Kontrolle ist besser. Katzen sind und bleiben Beutegreifer mit einem Instinkt, der ihnen sagt, was jagd- und fressbar ist und was nicht. Ein Kleintier, das sich bewegt und wegläuft, verhält sich wie Beute – und der Jäger muss hinterhersetzen. Vielleicht nur im Spiel, vielleicht wird daraus aber auch Ernst. Vorsicht ist jedenfalls die Mutter eines langen und gesunden Meerschweinchenlebens.

Wenn Katzen sich selbst verletzen

Eigentlich ist Boncuk ein ganz normaler Kater, verspielt und freundlich. Nur dass er manchmal aus dem Schlaf hochfährt, seinen Schwanz anstarrt, ihn anfaucht und plötzlich heftig hineinbeißt. Und das wieder und wieder. Das scheint ihn – seltsam genug – irgendwann zu beruhigen, denn nach einigen Minuten lässt er ab. Die Wunde entzündet sich, heilt dann ab, aber nach einiger Zeit wird der Schwanz wieder attackiert. So lange, bis der Tierarzt schließlich zu einer Amputation rät. Dieses Schwanzbeißen ist nicht zu verwechseln mit dem Schwanzjagen, das manche junge Katzen spielerisch zeigen. Schwanzbeißen ist eine echte Autoaggression, deren scheinbar beruhigender Effekt die Sache nur noch schlimmer macht. Es gibt viele mögliche Ursachen für solche ernst zu nehmenden Verhaltensstörungen. Häufig spielen Schmerzen oder Missempfindungen in der hinteren Wirbelsäule eine Rolle, also nicht unbedingt an der Stelle, die

Kein Kratzbaum da? Na, dann nehme ich den Vorhang.

die Katzen direkt angreifen. Möglich ist aber auch eine Analbeutelentzündung oder alle Arten von Juckreiz, verursacht durch Parasiten. Und nicht auszuschließen sind eben auch Erkrankungen des Nervensystems. Das alles muss der Tierarzt gründlich untersuchen und dann ggf. medikamentös behandeln. Die Tierhalter selbst können ihrer Katze helfen, indem sie, je nach Ursache des Verhaltens, für mehr Zuwendung und Beschäftigung, für eine Bereicherung des Lebensraums oder für einen anderen Umgang mit möglichen Ängsten sorgen.

Zerstörungswut

Wer Katzen zuschaut, wie sie gekonnt auch auf schmalen Fensterbänken oder Regalen entlangbalancieren, kann sich nur wundern und über die Beweglichkeit dieser Tiere staunen. Nichts fällt herunter und selbst auf engstem Raum können sich Katzen noch drehen und wenden. Um so eher ist klar, dass, wenn dann doch etwas zu Bruch geht, es sich um Absicht handeln muss, oder? Genau so verhält es sich mit zerkratzen Tapeten, zerfetzten Ledersofas, ruinierten Tischbeinen oder Türen von Weichholzschränken. Das kann nur Mutwille sein – Zerstörungswut. Auch wenn es so aussieht, hat das wenig mit Aggression zu tun. Wenn tatsächlich etwas zu Bruch geht, hängt das meist mit wildem Spielen und Verfolgungsjagden besonders bei jungen Katzen zusammen. Im Eifer des Spiels kann es schon einmal passieren, dass Entfernungen falsch eingeschätzt werden oder dass Gegenstände, die sich antatzen lassen, einfach als Spielzeug benutzt werden, inklusive Kerzen, Blumenschalen oder anderen Dekorationsgegenständen. Katzen müssen kratzen – das gehört zu ihrem ureigensten Verhaltensrepertoire. Denn die Krallen wollen geschärft werden, zudem wird beim Kratzen der eigene Duft an strategisch wichtigen Stellen angebracht. Deshalb ist auch vom Kratzmarkieren die Rede. Und wer keinen Kratzbaum sein Eigen nennt oder nur einen, der wackelig in irgendeiner düsteren Zimmerecke steht, der sucht sich eben schönere Stellen und angenehme Materialien aus. Holz, Leder und Textiltapeten bieten sich an – aus Katzensicht. Um das zu verhindern, hilft es nur, horizontale und vertikale Kratzmöglichkeiten zu schaffen – an erlaubten und erwünschten Stellen. Und die einmal angekratzten Stellen, die geschützt werden sollen, abzudecken oder unzugänglich zu machen, denn sie werden zwecks Auffrischung der Duftmarkierung natürlich immer wieder gerne aufgesucht.

Kapitel 6

Alles nur aus Angst

Welche Katze wie mit stressigen Situationen umgeht und was ihr Angst macht oder nicht, ist individuell sehr verschieden. Es hat wenig mit dem Geschlecht oder der Körpergröße zu tun.

Ängstlichkeit – auch eine Typfrage.

Stress oder Angst – eine Sache des Charakters?

Gestandene Kater können die größten Hasenfüße und kleine Kätzinnen mutig sein, wie Löwen. Schon eher spielt das Alter eine Rolle – mit zunehmenden körperlichen Einschränkungen, aber auch mit vielen negativen Erfahrungen, können Ängste wachsen.

Katzenkinder gehen dagegen meist vollkommen furchtlos und unvoreingenommen auf die Welt zu. Angst hat aber auch mit dem Charakter eines Tieres zu tun. Und der wird bestimmt von vielen Faktoren: der Prägung, dem Aufwachsen, den Umwelteinflüssen und nicht zuletzt auch von der Genetik. Nicht nur die Mutterkatzen, auch die Katerväter vererben ihrem Nachwuchs so etwas wie eine grundsätzliche Haltung gegenüber der Welt und ihren Herausforderungen.

Generell lassen sich bei Katzen zwei Typen ausmachen. Der eine Typ reagiert bei großer Angst mit Rückzug in sich selbst. Solche Tiere verkriechen sich, machen sich möglichst unsichtbar, wollen nicht sehen und schon gar nicht gesehen werden. Der schwarz-weiße Paul zum Beispiel klemmt sich im neuen Zuhause, obwohl das extrem unbequem ist, in den Spalt unter dem Sofa. Er lässt sich dort anfassen, wobei er schrecklich zittert. Das Streicheln der Hand wird nur geduldet, nicht geliebt. Wenn er sich im Zimmer bewegt, dann geduckt, den Bauch fast auf den Boden gedrückt. Und überrascht ihn ein Mensch, dann robbt er ebenso geduckt rückwärts. Sein Kumpel Toby, Typ 2, dagegen hat zwar Position in der Höhle des Kratzbaums bezogen, aber kommt ein Mensch vorbei und ihm zu nahe, dann faucht und spuckt er. Und nicht selten langt eine grauweiße Pfote mit ausgefahrenen Krallen nach dem Vorbeigehenden. Rückzug bei dem Einen –

Hier könnte sie sich auch ganz gut verstecken.

Die Scheuen von draußen bleiben oft ein Leben lang Menschen gegenüber ängstlich.

Angriff bei dem Anderen, aber bei beiden ist Angst der Auslöser.

In solchen Situationen ist von den Katzenhaltern viel Einfühlungsvermögen und noch mehr Geduld gefordert – teilweise über Wochen. Denn wer wie schnell seine Angst verliert und sich eingewöhnt, hängt eben auch wieder von den Auslösern und den Umständen ab. Sicher ist nur eines: Beide, Katze und Mensch, leiden, wenn das Tier aus Angst nicht oder nur sehr schlecht frisst oder ein Leben in selbst gewählter Isolation führt.

Die Scheuen von draußen

Streunerkatzen von draußen aufzunehmen und an ein Leben in menschlicher Obhut zu gewöhnen, ist gut gemeint, aber oft ein extrem schwieriges Unterfangen, bei dem Angst eine große Rolle spielt. Ob sich eine Scheue von draußen an das Leben mit einem Menschen gewöhnt, hängt vor allem davon ab, ob sie als Abkömmling von Generationen verwilderter Hauskatzen draußen geboren wurde. Und – noch wichtiger – ob sie in ihrer Prägephase Kontakt zu Menschen hatte. Ist das nicht der Fall, kann es schwierig werden. Aus einem eingefleischten Freigänger eine Wohnungskatze zu machen, ist fast unmöglich. Manche Miniaturtiger lassen sich auch trotz aller Bemühungen und der Möglichkeit, kontrolliert nach draußen zu gehen, nie wirklich anfassen, geschweige denn beschmusen.

Das Misstrauen oder die Angst vor Menschen ist einfach zu groß. Anders sieht das bei ausgesetzten Katzen aus, die ein Leben mit Menschen kennen. Sie schlagen sich draußen oft mehr schlecht als recht durch und sind schnell bereit, sich wieder an einen Zweibeiner zu binden. Ja, manche von ihnen vermissen das gefahrvolle Leben draußen sogar so wenig, dass sie keine Pfote mehr hinaussetzen wollen – auch das kommt vor.

Umzug in ein neues Leben

Ob vom Züchter, aus dem Tierheim oder aus einem anderen Haushalt – jeder Revierwechsel bedeutet Stress. Neue Umgebung, neue Gerüche, fremde Menschen, andere Tiere – das sorgt für Angst. Nur sehr selbstbewusste Katzen marschieren fröhlich aus dem Transportkorb und legen sich ihren neuen Besitzern auf den Schoß. Die meisten verbarrikadieren sich entweder im Korb oder suchen sofort nach einem möglichst unzugänglichen Versteck. Die Wagemutigeren und Neugierigeren unter ihnen nutzen die ruhigen Nachtstunden, um die Lage zu peilen und das neue Revier zu erkunden, zu fressen und die Toilette zu benutzen. Es gibt aber auch sehr ängstliche Naturen, die tagelang nicht fressen und ihr sicheres Versteck nicht verlassen. Die ersten Tage im neuen Zuhause sind immer mit viel Furcht verbunden, aber die sollte sich langsam Schritt für Schritt legen, wenn die Vierbeiner im neuen Leben angekommen sind und der Alltag Einzug hält.

Was passiert hier?

Manche Katzen haben schwere Verlustängste.

Ideenliste

Was können Sie tun, um den Umzug/Einzug stressfrei zu gestalten?

- *Bieten Sie einen sicheren Rückzugsort an – möglichst ein eigenes Zimmer, wenigstens eine Versteckmöglichkeit, in der das Tier ungestört ist.*
- *Stellen Sie Futter, Wasser und Toilette in die Nähe dieses Rückzugsortes.*
- *Zeigen Sie Präsenz, aber bedrängen Sie das Tier nicht. Setzen oder legen Sie sich auf den Boden und sprechen Sie leise mit dem Neuzugang.*
- *Locken Sie mit Leckerchen, die sich rollen und kullern lassen.*
- *Wahren Sie Distanz und vor allem starren Sie die Katze nicht an. Schauen Sie vollkommen gelangweilt in der Gegend herum und riskieren Sie ab und zu einen Blick oder schließen betont langsam die Augen.*

Wichtig sind vor allem Spielangebote. Alles, was sich bewegt, aussieht oder Geräusche macht wie Beute, ist geeignet, Tiere aus ihrer Angststarre zu holen. Und sicher wird das nicht nach fünf Minuten funktionieren, sondern bedarf vieler Wiederholungen und Lockungen. Der Bewegung des Spielzeuges, ob Angel, Kordel oder Wedel kommt dabei entscheidende Bedeutung zu. Der Beutereiz wird irgendwann seine Wirkung tun und die Katze über das Spielzeug Kontakt zum Menschen aufnehmen. Zum Glück kommt das nicht oft vor – aber es passiert: Die Katze scheint sich nach dem Umzug überhaupt nicht im neuen Zuhause wohlzufühlen. Und bei der erst besten Gelegenheit büxt sie aus und läuft zurück ins alte Revier. Kater Charlie legt dabei sogar

Kann mal jemand für mich klingeln, ich möchte hinein.

beachtliche Strecken zurück, um wieder zurück in den Nachbarort zu kommen. Etliche Kilometer querfeldein tigert er, bis er an der alten Wohnung angekommen ist. Die Nachbarn melden sein Erscheinen den Haltern, die den Kater etliche Male zurückholen – bis zum nächsten Ausflug. Wenn Katzen auswandern, dann fühlen sie sich offensichtlich im neuen Revier nicht heimisch oder haben sogar Angst.

Das kann sein, weil dort andere, stärkere Artgenossen das Sagen haben, die dem Neuzugang das Leben schwer machen. Es kann an familiären Veränderungen liegen, die das Tier aus dem Gleichgewicht bringen. Und es kann auch sein, dass die früheren Nachbarn den Heimkehrer wohlmeinend begrüßen, füttern und verwöhnen – und damit die teilweise gefährlichen Ausflüge auch noch belohnen. Abhilfe schafft nur, die Ursache der Ängste zu beseitigen und das neue Zuhause so positiv und spannend wie möglich zu gestalten – aus Katzensicht. Ohnehin ist es ratsam, den ersten Freigang erst nach etlichen Wochen zu gestatten, wenn das neue Revier vollkommen akzeptiert und vertraut ist.

Urlaubsunterbringung

Wenn eine Samtpfote die Wahl hätte, dann würde sie sicher am liebsten im eigenen Zuhause bleiben, wenn schon der vertraute Mensch nicht da ist. Aber nicht jeder kann einen Catsitter engagieren, der sich um das Tier kümmert. Oft bleibt nur die Wahl einer Tierpension. Dass dies nur ein vorübergehender Aufenthaltsort ist, können Katzen nicht wissen – für sie ist es ein Umzug in eine völlig fremde Umgebung, der mit viel Angst verbunden sein kann. Treffen dann noch ausgemachte Einzelgänger auf Artgenossen, mit denen sie mehrere Wochen in einem Raum verbringen sollen, kann purer Stress entstehen. Um die Angst zu mindern und die Eingewöhnung etwas zu erleichtern, ist es ratsam, der Mieze möglichst viel vertraute Ausstattung mitzugeben: Korb, Decke, gewohntes Futter, Spielzeug oder Toilette helfen bei der Umstellung.

Angst bei fremden Geräuschen.

Bitte verlass mich nicht

Katzen eilt der Ruf voraus, sehr revierbezogene Tiere zu sein – was auch stimmt. Ein eigenes Revier ist für jede Katze wichtig – und wenn es nur die Wohnung ist, in der sie regiert. Katzen können aber gleichwohl sehr enge Beziehungen zu Artgenossen oder zu Menschen aufbauen. Werden diese Beziehungen beendet, weil die Partnerkatze oder der Mensch stirbt oder das Tier aus anderen Gründen abgegeben wird, dann können Katzen sehr lange und intensiv trauern oder mit großer Angst reagieren. Und je älter das Tier und umso enger die Bindung, desto größer ist oft auch die Angst.

Auch Samtpfoten, die in ihrem Leben mehrfach den Halter und die Lebensumstände wechseln müssen, reagieren oft sehr verstört und ängstlich, wenn ein neuer Lebensabschnitt beginnt. Bei aller Neugier sind Katzen eben doch auch Gewohnheitstiere und lieben ihre festen Rituale. Bei manchen Miezen führen solche tief sitzenden Verlustängste sogar zu heftigen Aggressionen. Geordie, der hübsche grau getigerte Kater zum Beispiel, hat eine völlig unklare Vergangenheit. Nur so viel steht fest: Sehr schön kann sein bisheriges Leben nicht gewesen sein. Er klammert sich förmlich an seinem Menschen fest und miaut laut und herzzerreißend, wenn dieser die Wohnung verlässt.

Kaum ist Geordie auf dem Balkon und die Glastür zum Wohnzimmer fällt zu, dann wird der Kater völlig aggressiv und springt sogar seinen Halter an, beißt und kratzt heftig. Überhaupt darf in der ganzen Wohnung keine Türe geschlossen sein, sonst schreit er laut und anhaltend und kratzt minutenlang hektischer und ohne Pause. Offensichtlich wurde er schon einmal ausgesetzt und hat bei dem Gedanken, sein Zuhause und seinen Bezugsmenschen zu verlieren, erhebliche Ängste, ja regelrechte Panikattacken. Wer diese

Kein Duckmäuser, ein Duckkater.

Sehen, aber nicht gesehen werden.

Ängste, wenn auch unabsichtlich, belohnt, indem er tröstet, verstärkt sie leider nur immer weiter. Wichtig ist, die Trennung in kleinen Schritten zu üben. So kann der Halter aus Trainingszwecken die Wohnung anfangs nur für wenige Minuten verlassen und dann die Abwesenheitszeiten immer weiter steigern. Wichtig ist, dass der Mensch dabei völlig gelassen bleibt – keine großen Abschiedsszenen, kein Trösten, aber auch keine überschwängliche Wiedersehensfreude. Weggehen und Heimkehren ist etwas völlig Normales, lautet die Botschaft. Also kein Grund, Angst zu haben.

Angst vor Menschen und Situationen

Das kennen viele Katzenbesitzer: Kaum klingelt es an der Tür, sind alle Wesen mit vier Pfoten verschwunden. Und nicht nur das: Sie werden für die Dauer des Besuches auch nicht mehr gesehen. So mancher Besucher, der darauf besteht, nun endlich mal die angeblich hier wohnende Katze zu besichtigen, macht sich unbeliebt bei den Samtpfoten, die sich bedrängt fühlen und ihrerseits einfach nicht besichtigt werden wollen – schon gar nicht von unhöflich-aufdringlichen Zweibeinern.

Bitte nicht näher kommen.

Bleiben oder gehen?

Damit können die meisten Katzenfans noch ganz gut leben – schwieriger wird es, wenn ein neues Familienmitglied einzieht und der Haussegen plötzlich schief hängt. Tiere, die sich sehr auf eine Bezugsperson fixieren, die vielleicht lange in einer engen Mensch-Katze-Beziehung gelebt haben, reagieren oft ängstlich bis aggressiv, wenn sich das Familiengefüge ändert. Da helfen nur viel Geduld und geschickte Strategien, die dazu beitragen, den neuen Menschen als etwas besonders Positives beim Tier zu verankern. So sollte derjenige füttern, spielen, Beschäftigung anbieten und belohnen, der das Katzenherz erst noch erobern will – und sich damit zum Bezugsmenschen Nummer zwei machen.

Menschen sind nun gar nicht das Problem der pechschwarzen Gina – aber so manche Geräusche machen ihr Angst. Ganz schlimm sind Gewitter.

Während alle anderen Katzen im Haushalt relativ gelassen bleiben, wird Gina schon Minuten vor dem ersten Donner extrem unruhig, läuft hin und her, schreit laut und sucht nach Verstecken im Keller – möglichst weit entfernt von den seltsamen Geräuschen aus dem Himmel. Andere Katzen reagieren panisch auf Staubsauger, Müllabfuhr oder laute Geräusche, die eben nicht zum Alltag gehören, sondern nur sporadisch auftreten. Auch hier kann der Katzenhalter am besten mit Gelassenheit und Gewöhnung an den Angst auslösenden Reiz helfen. Geräusche lassen sich »trainieren«: Erst ganz leise und kurz, dann zunehmend lauter und intensiver – spezielle Geräusche-CDs helfen dabei, dass sich das Tier an den Reiz »gewöhnt« und nach und nach die Angst verliert.

Habituation, Desensibilisierung und Gegenkonditionierung

Katzen können lernen, etwas gelassen zu tolerieren, was ihnen ursprünglich einmal Angst eingeflößt hat. Damit gemeint sind vor allem Geräusche und Bewegungen. Das Prinzip ist immer dasselbe: Das Tier lernt in vielen Schritten, dass etwas nicht gefährlich ist und es keine Angst zu haben braucht. Dazu muss ein Reiz in kleinen Teilen dargeboten werden und immer nur so weit, dass er gerade keine Reaktion bewirkt. Langsam wird die Intensität gesteigert, dabei soll das Tier ruhig bleiben und irgendwann auch keine Reaktion mehr bei beispielsweise einem extrem lauten Geräusch zeigen, das seine Angst einst ausgelöst hatte. Der Lernerfolg besteht also in einer Gewöhnung und einer »Nicht-Reaktion«.

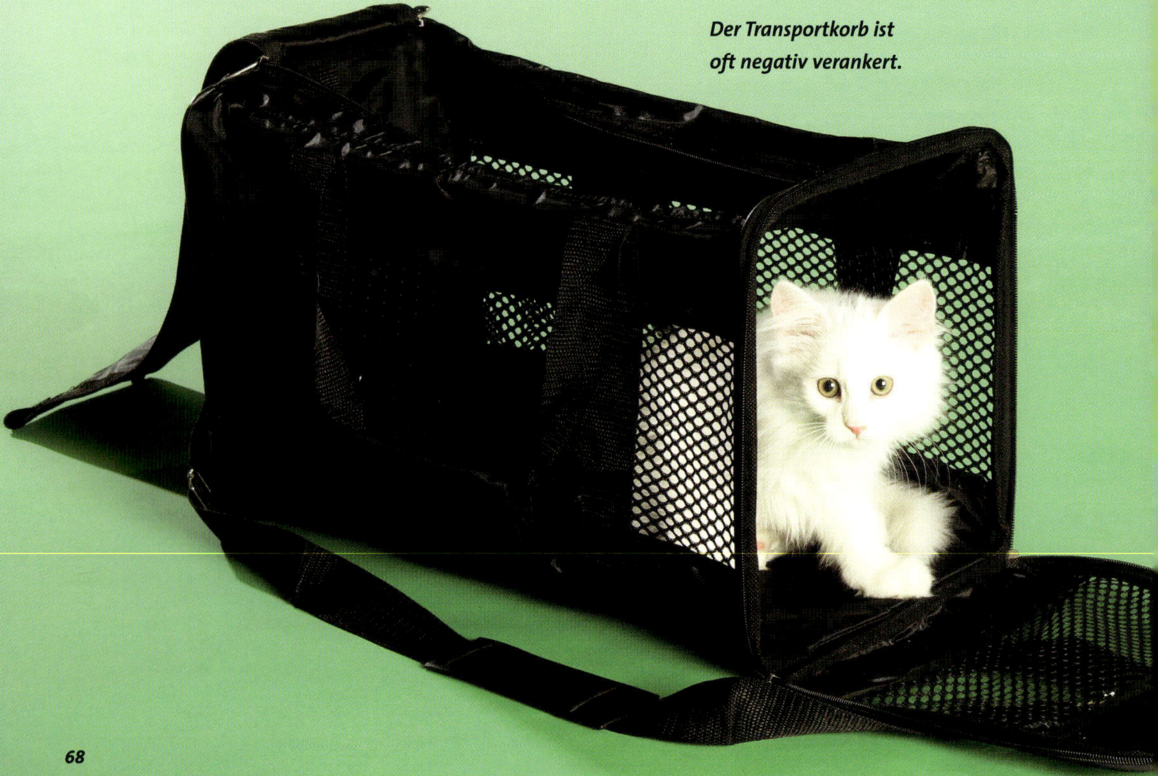

Der Transportkorb ist oft negativ verankert.

Einen Schritt weiter geht die Desensibilisierung, die bewusste Auseinandersetzung mit Dingen oder Situationen, die Angst machen. Auch hier gilt: Der Erfolg führt über einen langen Weg mit vielen winzigen Schritten. Ob bei fremdem Besuch oder unangenehmen Prozeduren wie Hochheben oder Bürsten: Zuerst wird das Tier sehr kurz damit konfrontiert. Dann werden diese Lerneinheiten sanft verlängert und erfolgreiche Schritte zügig belohnt. Wichtig ist der erfolgreiche Abschluss, das heißt, aufzuhören, so lange das Tier noch entspannt ist. Das erfordert vom Menschen oft viel Geduld. So vorzugehen, ist garantiert erfolgreicher als jede »Brachialmethode«, etwa die Katze in eine ausweglose Situation zu bringen und zu erwarten, dass sie sich da schon »irgendwie durchbeißt«. Solche Ratschläge sind leider immer noch häufig zu hören, beispielsweise wenn es um Auseinandersetzungen mit einer anderen aggressiven Katze geht.

Sind bestimmte Dinge, wie etwa die Angst vor dem Transportkorb, schon konditioniert, dann kann eine weitere Lernstufe helfen – die Gegenkonditionierung. Hier wird das, was eigentlich beunruhigend ist, mit etwas anderem, Positivem verknüpft. Der Korb wird also einfach aufgestellt und gleichzeitig gibt es ein besonders leckeres Futter oder eine Spieleinheit. Dabei sollte der Hunger oder der Spieltrieb eben den Vorrang haben und Angst gar nicht erst zulassen. Aber Achtung: Auf keinen Fall darf aus Versehen die Angst belohnt werden.

Gute Beobachtung der Körpersprache und geschicktes Timing sind hier sehr wichtig.

Helfer gegen die Angst

Gerade sehr ängstliche Tiere wecken in Menschen den Wunsch, so schnell wie möglich zu helfen – mit allen zur Verfügung stehenden Mitteln. Dagegen ist gar nichts einzuwenden – wenn klar ist, dass sich Verhalten nicht verändern lässt, ohne dass ein Lernen, eine Anpassung stattfindet. Alle Tropfen, Pasten, Tabletten, Tinkturen oder Düfte können dieses Lernen unterstützen, aber nicht ersetzen.

Pheromone machen in der Therapie gegen Ängste durchaus Sinn. Diese körpereigenen Botenstoffe spielen eine Rolle in der innerartlichen Kommunikation, zum Beispiel beim Markieren des eigenen Reviers. In synthetischer Form werden sie in Verdampfern oder als Spray angeboten und können hilfreich wirken. Denn der Duft beruhigt, mildert Stress, verringert Ängste. Allerdings sind Pheromone keine Allheilmittel, für die sie oft gehalten werden. Sie machen vor allem dann Sinn, wenn es um unbekanntes Territorium geht – etwa nach einem Umzug. Oder beim Thema Harn- und Kratzmarkieren, wenn sich ein Tier herausgefordert fühlt, den eigenen Duft per Markierung an Möbeln oder anderen Gegenständen anzubringen, um damit unter Beweis zu stellen: »Ich war hier.«

Anti-Stress-Mittel

Es gibt sie als Tropfen, Tinkturen, Drops und Tabletten, Kapseln oder Pasten: Das Angebot der so genannten Anti-Stress-Mittel wird immer größer. Es handelt sich dabei nicht um verschreibungspflichtige Medikamente, sondern um frei verkäufliche Nahrungsergänzungsmittel. Meist beinhalten diese Präparate eine Kombination

Helfer gegen die Angst.

von Wirkstoffen, die leicht beruhigen und entspannen sollen. Häufig sind Vitamin B und Magnesium dabei, denen nervenstärkende Wirkung nachgesagt wird. Manchmal sind auch pflanzliche Wirkstoffe wie Baldrian und Melisse enthalten, die sich ausgleichend auf das vegetative Nervensystem auswirken sollen. Und teilweise arbeiten diese Mittel auch mit Wirkstoffen wie L-Tryptophan. Dahinter verbirgt sich eine Aminosäure, eine Vorläuferin des Serotonins, die stimmungsaufhellende und beruhigende Wirkung hat. Wenn, dann sollen auch solche Nahrungsergänzungen nur genau nach angegebener Dosierungsanleitung und nicht auf Dauer verabreicht werden.

Homöopathie

Der berühmte Grundsatz der Homöopathie, similia similibus curentur, besagt, dass Ähnliches durch Ähnliches geheilt werden soll. Er geht zurück auf den Arzt Samuel Hahnmann, dieser schuf zu Beginn des 19. Jahrhunderts die Grundlagen für diese alternative Behandlungsform. Nach dem Prinzip, dass für die Heilung ein Mittel gefunden werden muss, das bei einem Gesunden ähnliche Beschwerden hervorruft, wie sie der Kranke hat, arbeiten Homöopathen noch heute. Insgesamt rund 2000 homöopathische Mittel gibt es und bei der Therapie spielt nicht nur die Auswahl selbst eine Rolle. Auch die Potenz ist von Bedeutung, also der Grad der Verdünnung oder Verreibung und Verschüttelung. Für den Laien ist die Homöopathie eine komplexe Materie – ihre Wirksamkeit immer wieder heftig umstritten. Wenn sich Katzenhalter entschließen, ihr Tier bei Angstproblemen damit behandeln zu lassen, sollten sie sich an einen erfahrenen Homöopathen wenden, der individuell das passende Mittel sucht.

Bachblüten

Die lange in Vergessenheit geratene Therapie mit Bachblüten hat in den letzten Jahren einen großen Zulauf erfahren – vor allem im Bereich der Behandlung von Angst und Stress bei Tieren. Sie geht zurück auf den englischen Arzt Dr. Edward Bach, der in den 30er-Jahren des 20. Jahrhunderts insgesamt 38 »disharmonische Seelenzustände« ausmachte und ihnen bestimmte Blüten zuordnete, die diesen Störungen entgegenwirken sollen. Auch die Wirkung von Bachblüten konnte bislang wissenschaftlich nicht überprüft oder nachgewiesen werden. Wer Bachblüten zur Unterstützung bei seiner Katze einsetzen möchte, sollte darauf achten, dass sie in Wasser und nicht in Alkohol aufbereitet sind.

Psychopharmaka

Bei dem Wort alleine schrillen bei vielen Tierbesitzern die Alarmglocken, sie sehen Horrorbilder vor ihrem geistigen Auge von ruhig gestellten und völlig apathischen Katzen. Die sind dann zwar nicht mehr ängstlich oder aggressiv, haben aber auch keinerlei Lebensfreude. Leider ist das Thema mit vielen Ängsten und Vorurteilen besetzt, die einen objektiven Zugang erschweren. Psychopharmaka können bei schweren Angstzuständen hilfreich wirken, wenn sie kontrolliert eingesetzt werden und ihre Wirkung genauestens beobachtet wird. Dazu ist in jedem Fall ein erfahrener und auf Verhaltensmedizin spezialisierter Tierarzt notwendig, der die Medikation überwacht.

Alt und anders

Alt wie Methusalem werden unsere Katzen nicht, denn dieser hat ja bekanntlich 969 Jahre gelebt. Die angeblich älteste Samtpfote der Welt mit dem Namen »Creme Puff« soll es immerhin auf stolze 38 Jahre gebracht haben, aber so richtig bewiesen ist wohl beides nicht. Tatsache ist, dass behütete, gut gefütterte und medizinisch rundum versorgte Tiere heute bis zu 20 Jahre und älter werden können.

Äußerlich verändern sich Katzen nur wenig.

Spielen und Schmusen sind auch im Alter noch wichtig.

Das ist kein Vergleich zu den verwilderten Verwandten, die ihr stressreiches und gefahrvolles Leben draußen führen müssen. Der Kampf um das tägliche Überleben, Infektionskrankheiten und menschliche wie tierische Feinde lassen die Streuner meist nicht halb so alt werden. Ungefähr ab einem zweistelligen Alter zählen auch die Miezen zu den Senioren. Bei manchen zeigen sich dann schon die ersten Alterserscheinungen, andere bleiben noch viele Jahre lang körperlich fit. Zu den typischen Altersleiden zählen nicht nur nachlassende Seh- oder Hörkraft, sondern auch Nierenprobleme, Arthrose oder Diabetes. Und alles das kann natürlich auch Auswirkungen auf das Verhalten eines Tieres haben. Stellen Katzenbesitzer bei der pelzigen Gefährtin vieler Jahre also Wesensveränderungen fest, sollte der erste Weg immer zum Tierarzt sein, um organische Probleme abklären zu lassen. Schmerzen und Befindlichkeitsstörungen der Katzen sind oft erst spät für den Menschen erkennbar, manchmal leider zu spät. Tatsächlich beeinträchtigen nachlassende Beweglichkeit, schmerzende Knochen oder schwindende Sehkraft natürlich auch das Leben der Katze. Und solche Einschränkungen können Angst machen. Vor allem, wenn sich gehandicapte Tiere in einer neuen Umgebung zurechtfinden müssen oder sich mit neuen Si-

An Demenz erkranken auch ältere Samtpfoten.

Lieblingsplätze sollten nicht verändert werden.

tuationen, Menschen oder Artgenossen, konfrontiert sehen. Viele Dinge werden jetzt nicht mehr so schnell begriffen und gelernt, Veränderungen weniger toleriert.
Bei den meisten hochbetagten Tieren gibt es ein ausgesprochenes Ruhebedürfnis. Sie schlafen mehr und ihre Aktivitäten sind verlangsamt. Hektik, Unruhe, Störungen der gewohnten Rituale können für Verunsicherung und Rückzug sorgen oder zu Unduldsamkeit und Aggression führen. Wo aber hört die liebevoll belächelte Macke auf und wo fängt die krankhafte Wesensveränderung an?

Alt und dement?

Mit 16 Jahren hat Kater Otto laut Tierarzt einfach traumhafte Blutwerte. Körperlich ist er in Bestform, sein Fell glänzt, er ist beweglich und agil. Meistens jedenfalls. Zunehmend mehr aber hat er Zeiten, in denen er geistesabwesend die Wände anstarrt. Manchmal trifft ihn seine Besitzerin offensichtlich desorientiert in der Küche an, wo er scheinbar den Futternapf sucht, aber nicht findet. Und immer häufiger uriniert er neben die Toilette und scharrt auf dem Fußboden. Abends sucht er zwar immer noch körperliche Nähe, aber das gewohnte Streicheln mag er nur noch selten.

Und das Schlimmste: Es kommt vor allen mitten in der Nacht vor, dass er schreit. Und zwar so laut und durchdringend, dass sich bereits die Nachbarn beschweren. Dabei lässt er sich kaum unterbrechen. Solches Verhalten ist für Tierhalter oft sehr erschreckend, denn sie verstehen nicht, warum sich das vertraute Tier plötzlich so verändert. Die Ursache liegt vermutlich in einem Krankheitsbild, das auch beim Menschen vorkommt: Kognitive Dysfunktion oder auch Demenz genannt.

Die Krankheit ist bei Tieren noch wenig erforscht. Eine Studie der Universität Edinburgh besagt zwar, dass jede zweite der dort untersuchten Katzen, die älter ist als 15 Jahre, Veränderungen im Gehirn erkennen lässt, die ähnlich auch bei menschlichen Demenz-Patienten vorkommen. Aber das besagt noch nicht viel. Und vor allem erleichtert es den Tierhaltern nicht unbedingt den Umgang mit einer orientierungslosen Katze, die zu solchem Zwangsverhalten neigt, wie Kater Otto.

Ist es Demenz?

Diese Symptome geben Anhaltspunkte:

- *Lang anhaltendes Schreien oder lautes Miauen, das sich nicht unterbrechen lässt*
- *Unruhiges Umherwandern in der Nacht und generelle motorische Unruhe*
- *Desorientierung und Angstattacken*
- *Anstarren von Gegenständen*
- *Zwanghafte Wiederholungen von Verhaltensweisen*

Auch Tiere im fortgeschrittenen Alter schließen noch Freundschaften.

Solche Verhaltensauffälligkeiten sind für Menschen oft sehr belastend, störend und verwirrend. Sie fühlen sich hilflos, zumal es auch nur wenige Möglichkeiten der Behandlung gibt. Spezielle Psychopharmaka mit Wirkstoffen, die in der Humanmedizin zur Behandlung der Parkinson-Erkrankung eingesetzt werden, mildern die Unruhe und die Zwanghaftigkeit. Was können die Tierbesitzer noch tun? Wichtig ist vor allem, das Tier möglichst wenigen Veränderungen auszusetzen und vertraute Rituale beizubehalten. Dazu gehören gewohnte Fütterungs- und Spielzeiten ebenso wie gewohnte Räumlichkeiten. Neue oder anders aufgestellte Möbel etwa machen einem Tier, das ohnehin Orientierungsschwierigkeiten hat, womöglich noch mehr Angst. Hilfreich sind spielerische Beschäftigung und das Angebot von Zuwendung, wann immer das Tier es einfordert.

Abschied und Trauer

Das ist ein Tag, vor dem sich jeder Katzenbesitzer fürchtet: Ein geliebtes Tier stirbt. Doch das macht nicht nur dem Menschen zu schaffen. Der übrig gebliebene Katzenpartner trauert auch oder zeigt zumindest Anzeichen von Verwirrung. Manche Tiere suchen noch tagelang nach der verschwundenen Mitkatze. Andere wirken depressiv, ziehen sich zurück, verweigern das Fressen, reagieren ängstlich.

Wer der zurückgebliebenen Katze die Situation erleichtern will, tut gut daran, sie nach ihrem eigenen Willen Abschied nehmen zu lassen. Die Besitzer von Kasimir haben sich entschlossen, seinen lang- jährigen Freund Mirko aus der Tierarztpraxis, wo er eingeschläfert wurde, mit nach Hause zu bringen. Sie lassen Kasimir den toten Freund beschnuppern. Für einige Stunden bleibt Kasimir eng angeschmiegt bei ihm liegen, putzt und leckt seinen Weggefährten ein letztes Mal. Bis er irgendwann in der Nacht entscheidet, zu gehen. Solche Verabschiedungen mit anzusehen, mag für manche Menschen in ihrem eigenen Leid schwer zu ertragen sein. Aber sie erleichtern der verbliebenen Katze ganz offensichtlich zu begreifen, was vorgefallen ist, auch wenn der Verlust für Verstörtheit sorgt.

Wie lange und ob eine Katze trauert, kann niemand voraussagen. Tatsächlich gibt es auch Fälle, in denen das Tier nicht nur nicht beeinträchtigt scheint, sondern sogar aufblüht. Das waren dann oft Katzenbeziehungen, in denen sich beide Tiere wohl geduldet, aber nicht geliebt haben. Einer solchen Katze schnell wieder eine Artgenossin vor die Nase zu setzen, um die eigene menschliche Trauer zu überwinden, löst meist nur Frustration, aber keine Freude aus. Einer depressiven oder trauernden Katze sehr schnell eine Vergesellschaftung zuzumuten, kann schrecklich schief gehen.

Den Neuanfang wagen

So manche ältere Katze, die ihr Leben mit einer anderen Samtpfote verbracht hat, will und kann aber nur schwer alleine bleiben. Wenn das Tier deutliche Zeichen von Unterbeschäftigung und Langeweile zeigt oder sich übermäßig an den Besitzer klammert und ständig Aufmerksamkeit fordert, dann liegt die Überlegung nahe, nach einem neuen geeigneten Partner zu suchen. Grundsätzlich gelten hier die gleichen Überlegungen, wie bei jeder Vergesellschaftung, aber: Ältere und alte Katzen sind gestandene Persönlichkeiten mit fest gefügten Gewohnheiten. Umso wichtiger ist es, sorgfältig nach der richtigen Ergänzung auf vier Pfoten zu suchen. Leider begehen viele Katzenhalter den Irrtum, einem alten Tier wohlmeinend einen Katzenwelpen vor

die gerümpfte Nase zu setzen. Zum einen sind die Kleinen ja so niedlich und zum anderen können sie die Seniorin noch einmal so richtig zum Spielen motivieren, oder?

Das ist zwar gut gemeint, aber sehr menschlich und wenig kätzisch gedacht. Die Bedürfnisse eines Katzenkindes, das die Welt erst noch entdecken will, und die einer Seniorin gehen weit auseinander. Wildes Toben, Klettern, Spielen, Balgen mit Gleichaltrigen ist für die körperliche und geistige Entwicklung eines Jungtieres unerlässlich. Eine alte Katze ist davon zumeist nur genervt und reagiert, je nach Temperament, aggressiv oder mit Rückzug. Eine solche Vergesellschaftung von zwei Individuen, die so wenig gemeinsam haben, geht selten gut.

Aber lassen sich denn tatsächlich zwei ältere Tiere noch zusammenbringen? Ja, das ist möglich. Jenny und Pablo sind das beste Beispiel. Die graue Jenny hat vier ihrer insgesamt elf Jahre im Tierheim zugebracht. Da sie schüchtern und ängstlich ist und eben unauffällig grau getigert, wie so viele ihrer Artgenossen, wurde sie immer übersehen. Und nun ist sie eine Seniorin und ihre Vermittlungschancen schwinden jeden Tag mehr. Zum Glück wird sie doch noch entdeckt. Von der Besitzerin eines ebenfalls elfjährigen roten Katers namens Pablo. Der ist verwaist, nachdem sein Kumpel vor einigen Monaten gestorben ist. Von Anfang an ist klar, dass zwei ältere Tiere länger brauchen werden, um sich einander anzunähern. Und dass es, wie bei jeder Vergesellschaftung, Probleme geben kann. Aber zum Glück ist die Wohnung groß genug. So bekommt Jenny ein eigenes Zimmer als Revier zugewiesen und wird langsam, Schritt für Schritt an das Leben bei einem Menschen in einem eigenen Zuhause gewöhnt. Sie blüht mit jedem Tag mehr auf, und nach einer guten Woche darf Pablo für einen kurzen Erkundungsspaziergang in ihr Zimmer. Das erste Aufeinandertreffen verläuft friedlich, wenn auch nicht übermäßig begeistert. Deshalb wird das Training jetzt jeden Tag fortgesetzt und Jenny darf in Begleitung den

Rest der Wohnung erkunden. Jeder noch so kleine Fortschritt und jedes unaufgeregte Zusammensein werden belohnt, auch wenn es nur kurz dauert. Nach rund einem Vierteljahr laufen beide frei durch die Wohnung, nach zwei weiteren Monaten fressen sie friedlich nebeneinander. Und mittlerweile kuscheln sie gemeinsam im Körbchen. Die Geduld hat sich ausgezahlt. Auch bei Senioren gibt es natürlich keine Garantie dafür, wer sich mit wem verträgt. Aber mit viel Geduld und in kleinen Schritten durchgeführt, gibt es eine gute Chance, dass das Projekt Vergesellschaftung gelingt.

Zusammenführung von Senioren

Es gibt keine Regeln dafür, wer sich mit wem vertragen wird oder wie lange eine Vergesellschaftung dauern kann. Bei Senioren ist es ratsam, eher in Monaten, denn in Tagen zu denken. Geduld ist alles. Nach Möglichkeit sollten die Tiere auch bisher schon mit anderen Katzen zusammengelebt haben. Absolute Einzelgänger werden auch im Alter nicht sozialer. Wichtig sind Rückzugsmöglichkeiten für jedes Tier, eigene Futter-, Schlaf- und Toilettenplätze. Gemeinsame Beschäftigung und gemeinsames Fressen helfen dabei, den jeweils Anderen nicht als Gegner, sondern als Familienmitglied zu betrachten. Altersgerechte Spiele, die die Intelligenz herausfordern, oder Klickertraining können helfen, zwei Senioren zusammenzubringen.

Vergesellschaftung von Senioren braucht ihre Zeit.

Kapitel 8

Wann ist zuerst der Tierarzt gefragt?

Egal bei welcher Verhaltensauffälligkeit, gleich bei welchem Problem: Am Tierarzt führt kein Weg vorbei. Denn es ist wichtig, gründlich abzuklären, ob es für das veränderte Verhalten eine organische Ursache gibt.

- *Selbstverstümmelung, Schwanzbeißen*
- *Fell rupfen oder übermäßiges Fell lecken*
- *Rolling Skin oder Feline Hyperästhesie*
- *Plastik schmeckt lecker – auffälliges Fressverhalten*

Wenn die Katze ihr Verhalten verändert, sollte der Tierarzt organische Ursachen sicher ausschließen.

Das kann manchmal einfach sein, wie beim Thema Unsauberkeit. Und manchmal schwieriger, weil es Auffälligkeiten gibt, bei denen sich Auslöser und Reaktion schlecht unterscheiden lassen. Das trifft vor allem bei Problemen zu, bei denen Fell und Haut betroffen sind. Oftmals spielen Körper und Psyche eine Rolle und das eine beeinflusst das andere. War zuerst der Juckreiz da und hat das Tier aggressiv gemacht oder ist das ständige Kratzen die Folge einer nervösen Überreizung? Ohne die Gewissheit, dass die Katze organisch gesund ist, kann keine erfolgreiche Verhaltensveränderung erzielt werden.

Selbstsverstümmelung, Schwanzbeißen

Der graue Toby spielt mit seinen 13 Jahren noch immer gerne und ausdauernd und Jagen ist sein liebstes Hobby. Aber wenn sich die Mäuse draußen partout als Spielverderber präsentieren, dann muss es eben das Spiel mit sich selbst sein. Dann setzt er sich immer in die gleiche Ecke des Wohnzimmers und jagt minutenlang den eigenen. Das sieht drollig aus und ist eine Verhaltensweise, die auch der Nachwuchs in den ersten Lebenswochen gerne zeigt. Die Schwänze von Mutter oder Geschwistern oder eben auch der eigene Schwanz müssen oft genug als Spielzeug herhalten. Er übt einen unwiderstehlichen Reiz aus, vor allem, wenn er hin und her peitscht. Tobys Verhalten ist also kindlich, aber nicht gefährlich für ihn. Das sieht beim »Schwanzbeißen« schon ganz anders aus. Tatsächlich gibt es Tiere, die scheinbar meist aus heiterem Himmel den eigenen Schwanz attackieren, indem sie ihn zuerst hektisch putzen und dann heftig in ihn hineinbeißen. Teilweise knurren sie dabei, als ob sie einen imaginären Feind angreifen würden. Wenn dieses Verhalten öfter auftritt und immer wieder in dieselbe Stelle gebissen wird, dann kommt es zu schweren Entzündungen, die unbedingt behandelt werden müssen. In besonders schlimmen oder chronischen Fällen kann sogar eine Amputation notwendig werden, weil die Verletzungen nicht mehr heilen.

Fell putzen dient eigentlich der Gesundheit.

Die Ursachen für diese Selbstverstümmelung können sehr vielfältig sein und es bedarf einer durchaus langwierigen Suche nach dem Auslöser. Das können alle Arten von Schmerzen und Befindlichkeitsstörungen sein, bei denen der Schwanz nicht unmittelbar betroffen sein muss. Auch Probleme im hinteren Rücken oder entzün-

Das Putzen gehört zum Ritual der Körperpflege.

dete Analdrüsen können das Beißen auslösen. Dazu kommen alle Arten von Juckreiz, hervorgerufen durch Allergien oder Parasiten. Zumeist wird erst einmal die Wunde unzugänglich gemacht, um sie zum Abheilen zu bringen. Wenn sich keine organischen Ursachen finden lassen, ist zu klären, ob das Tier Zeichen von Angst, Aggression oder Hyperaktivität zeigt, die verhaltenstherapeutisch oder medikamentös behandelt werden können. Und erst, wenn es gar keine anderen Behandlungsmöglichkeiten mehr gibt, wird der Tierarzt zur Amputation raten.

Fell rupfen oder übermäßiges Fell lecken

Katzen verbringen jeden Tag viel Zeit mit der Fellpflege. Sie putzen und lecken sich sehr gründlich, bis jedes Härchen geglättet ist und an seinem Platz liegt. Das dient der Gesunderhaltung der Haut und des Fells und ist ein angeborener Instinkt. Tiere wie Condor aber, die sich gleich büschelweise ihre Haare ausreißen oder rausrupfen, zeigen eine ernst zu nehmende Verhaltensauffälligkeit. Der Kater war in seinem Wurf schon immer das »Sensibelchen«, oft etwas abseits von den Geschwistern, ein wahres »Muttersöhnchen«. Auch heute bindet er sich noch sehr an

Wenn Katzen einen Putzzwang zeigen, dann lecken sie sich meist den Bauch kahl.

Für junge Katzen gehört die Beschäftigung mit dem eigenen Schwanz zum spielerischen Verhalten. Echtes Schwanzbeißen dagegen ist eine Verhaltensstörung.

seinen Menschen und kann mit Trennungen nur schlecht umgehen. Kommen andere Menschen zu Besuch, dann versteckt er sich unter dem Sofa. Und nach einer Wohnungsrenovierung mit viel Lärm und fremden Handwerkern in seinem Revier, vielen Geräuschen und Gerüchen, fängt er plötzlich an, sich intensiv zu putzen und zu lecken. Irgendwann rupft er sich büschelweise die Haare aus und hat bald einen kahlen Bauch und kahle Stellen an den Flanken. Diese Störung wird auch »psychogene Alopezie« genannt. Die bevorzugten Stellen, an denen die Katzen lecken und rupfen, sind tatsächlich die Seiten, der Bauch und die Innenseiten der Oberschenkel, also Stellen, die beim Putzen gut zu erreichen sind. Vor allem, wenn dieses Putzen oder Rupfen zwanghaft erscheint und sich das Tier nicht oder nur kurz dabei unterbrechen lässt, ist in jedem Fall dringend eine Ursachenklärung notwendig. Der erste Verdacht fällt hier immer auf allergische Erkrankungen, die einen Juckreiz auslösen, ebenso auf Parasiten. Bei einer Flohallergie muss die Katze nicht einmal übersät sein von diesen kleinen Plagegeistern. Es genügt ein Biss, damit manche Tiere schwer allergisch reagieren. Zur Abklärung wird immer auch eine Kotuntersuchung auf Würmer empfohlen und eine sehr gründliche Reinigung aller Liegeplätze des Tieres, um den Flöhen wirklich den Garaus zu machen. Aber auch andere Arten von Allergien, etwa gegen Inhaltsstoffe von Futter wie etwa Getreide, können den Katzen das Leben schwer machen und zu übermäßigen Putz- und Leckaktionen führen. Hier stellt sich außerdem die Frage nach organischen Auslösern. Gibt es Ängste oder Konflikte mit Menschen und anderen Tieren? Veränderungen im Lebensumfeld?

Das Rolling Skin-Syndrome geht oft einher mit zwanghaftem Belecken.

Rolling Skin oder Feline Hyperästhesie

Hinter dem Begriff versteckt sich eine Verhaltensauffälligkeit, die viele Katzenhalter zutiefst verstört, weil sie meist ganz plötzlich und anfallartig auftritt. Ein typisches Merkmal ist die zuckende oder sich wellende Haut auf dem Rücken, nach der diese Störung benannt ist. Zwar zuckt bei vielen Tieren ein- oder mehrmals kurz das Fell des Rückens, wenn ein Juckreiz auftritt. Rolling Skin aber wird oft eingeleitet von plötzlichem auffällig intensivem Lecken und Beißen. Manchmal rennen die Tiere auch umher, als ob sie gejagt oder verfolgt würden. Dabei sind die Pupillen extrem erweitert, die Katze offensicht-

Die Welt erkunden – auch mit den Zähnen, das gehört zur Entwicklung einer jungen Katze.

Katzen sind keine Vegetarier, aber sie fressen Gras, um den Magen zu reinigen.

lich verängstigt und verstört. Das Herumirren kann durch ein Verstecken abgelöst werden, manchmal aber auch durch lautes Schreien und offensichtliche Desorientierung. Die Tiere wirken, als ob sie Halluzinationen hätten. Sie lassen sich in diesem Zustand schlecht oder gar nicht ansprechen oder unterbrechen. Es kann auch vorkommen, dass sie scheinbar unkontrolliert urinieren oder koten. Diese Störung wird noch nicht lange untersucht, dementsprechend gibt es kaum gesicherte Erkenntnisse. Möglich ist etwa, dass es sich um eine Form von Epilepsie oder eine andere neurologische Störung handelt, die nur schwer zu diagnostizieren und zu behandeln ist. Teilweise wird von Erfolgen bei der Behandlung mit Neuroleptika berichtet.

Plastik schmeckt lecker – auffälliges Fressverhalten

Alle Arten von Stress, etwa der Einzug in eine neue Familie, können dazu führen, dass die Tiere das Futter verweigern. Irgendwann aber meldet sich der Überlebensinstinkt mit Appetit. Sollte ein Tier aber nach längstens zwei bis Tagen noch immer nicht gefressen haben, muss dringend gehandelt werden. Verschiedene Sorten von kalorienreichen Pasten, Flüssigkeiten oder Spezialfuttermitteln sichern die Versorgung. Aber auch wenn ein scheinbar völlig gesundes Tier die Nahrungsaufnahme länger als einen Tag verweigert, ist der Tierarzt gefragt: Katzen, die nicht fressen wollen oder sich sogar vor dem Futter ekeln, sind nicht gesund und müssen tierärztlich behandelt werden.

Das Fressen von Wolle ist gefährlich.

Dann gibt es da aber noch die Tiere, die scheinbar seltsame, ebenfalls nicht sehr gesunde Futtervorlieben haben. Franky zum Beispiel ist ein echter Computerfan, der am liebsten die Kabel von Tastatur und Maus mag, die auf dem Boden liegen. Er nagt und beißt daran, als ob er den Langohren unter den Vierbeinern Konkurrenz machen wollte. Und damit ist er nicht alleine. Viele Katzenbesitzer beklagen sich, dass ihre Hausgenossen Plastik belecken, annagen und fressen. Hypothesen, warum das so ist, gehen weit auseinander. Von Weichmachern im Kunststoff etwa ist die Rede, die die Tiere anlocken. Bewiesen ist das nicht. Und wer Abhilfe schaffen will, der tut gut daran, alles aus Kunststoff zu verstecken, das in der Wohnung herumliegt. Die schwarze Gina etwa findet noch die kleinste, achtlos vergessene Einkaufstüte, um daran zu nagen. Und das vor allem, wenn sie kein Katzengras zur Verfügung hat, aber ihre Haarballen im Magen loswerden möchte. Und da sie Malzpaste verabscheut, müssen es eben Tüten sein, eine gefährliche Vorliebe, die Magen und Darm reizt. Zwar lassen sich Kabel nicht gänzlich verstecken, aber von der Methode, sie mit irgendwelchen scharfen oder bitteren Substanzen einzureiben oder einzusprühen, um die Katze abzuschrecken, ist dringend abzuraten. Besser ist es, sie in speziellen Kabelkanälen unterzubringen und damit unzugänglich zu machen.

Das kann nicht gesund sein!

Andere Pelztiere, vor allem die mit den exotischen Vorfahren, haben manchmal ganz ausgefeilte Vorlieben in ihrem Fressverhalten. Mit »Pica« werden Fressstörungen bezeichnet, die sich meist auf Textilien beschränken. Und für diese Störungen scheinen eben Siam-, Thai- oder Burmakatzen besonders anfällig zu sein, deshalb wird ein genetisch bedingter Zusammenhang vermutet. Tatsächlich gibt es Katzen, die alle Textilien, vor allem aber Wolle, annagen und »löchern«, ob es nun der teure Kaschmirpullover, die Wolldecke auf dem Sofa oder die flauschige Bettwäsche ist. Dabei besteht leider die Gefahr eines Darmverschlusses, also gilt auch hier: Alles wegräumen und gut verstauen. Frisst eine Katze plötzlich sogar Katzenstreu, nagt an Holz, leckt Asche oder frisst sonstige ungenießbare Materialien, ist das in jedem Fall ein Alarmzeichen für eine möglicherweise ernste Erkrankung, die unbedingt vom Tierarzt gründlich abgeklärt werden muss.

Kapitel 9

Wie finden Sie den richtigen Therapeuten?

»Ach, muss die Katze auf die Couch?« Bei Wort Tierpsychologe fallen vielen Nicht-Tierbesitzern mehr oder minder launige Bemerkungen ein.

Ob Aggression ...

... oder Unsauberkeit. Die Katze sendet Signale, die es zu verstehen gilt.

Tierpsychologie – eine Modeerscheinung?

Viele meinen auch, der Begriff wäre eine recht neue Erfindung. Und die wenigsten haben eine genaue Vorstellung davon, was ein Tierpsychologe oder Tierverhaltensberater eigentlich macht. Richtig ist, dass der Begriff Tierpsychologe von dem Nobelpreisträger und Verhaltensforscher Konrad Lorenz schon im vorigen Jahrhundert mit geprägt wurde. Heute gibt es viele verschiedene Bezeichnungen: ob Tierverhaltensberater, Tierverhaltenstherapeut oder Tierpsychologe, alle meinen das gleiche, die Beschäf- tigung mit Verhalten, insbesondere mit auffälligem oder abweichendem Verhalten.

Basis einer Tierverhaltenstherapie ist die genaue Kenntnis artspezifischen Verhaltens. Diese Kenntnisse beruhen auf der Ethologie, der vergleichenden Verhaltensforschung, einem Zweig der Biologie. Als Ethologen dürfen sich mit Fug und Recht also Zoologen und Biologen bezeichnen, die sich auf das Thema Verhaltensforschung spezialisiert haben. In den letzten Jahren gibt es aber Bemühungen, eine qualifizierte Weiterbildung zum Tierpsychologen auch für Menschen anzubieten, die kein Studium absolviert haben oder absolvieren können. Etliche Schulen und Institute bieten Ausbildungen in Präsenzform oder per Fernstudium an – einen allgemein verbindlichen Abschluss gibt es nicht und die Berufsbezeichnung ist in Deutschland nicht gesetzlich geschützt. Das macht die Qual der Wahl für diejenigen, die nach einem Therapeuten suchen, nicht leichter. Bleibt also nur, sich entweder bei entsprechenden Schulen oder Berufsverbänden zu erkundigen, sich auf Empfehlungen zu verlassen oder im Netz selbst nach dem Helfer der Wahl zu recherchieren.

Jeder Verhaltensberater, Tiertherapeut oder Tierpsychologe sollte Auskunft über seine Vorbildung und fachliche Qualifikation, seine berufliche Praxis und seine Aus- und Weiterbildung geben können. Viele Therapeuten sind im Tierschutz engagiert oder geben ihr Wissen in Seminaren und Vorträgen weiter. Und last but not least: Die Chemie zwischen Tierhalter und Therapeut muss stimmen. Denn um Veränderungsvorschläge zu akzeptieren, ist persönliches und fachliches Vertrauen notwendig. Der Katzenhalter muss bei der Beratung immer kritisch nachfragen dürfen. Das ist absolut wichtig.

Wie ein Tierpsychologe oder Tierverhaltensberater vorgeht, hängt immer von der jeweils individuellen Arbeitsweise ab. Wenn möglich, ist ein Besuch in der gewohnten häuslichen Umgebung hilfreich, um das Verhalten »live« zu beobachten. Wenn nicht, dann sind ausführliche Gespräche und Auskünfte umso wichtiger. Das macht schon klar: Eine qualifizierte Beratung dauert länger als fünf Minuten. Um sich ein Bild von dem Tier und den Ursachen für sein abweichendes Verhalten zu machen, muss der Berater viele Fragen stellen: zum Beispiel

Warum zerstört meine Samtpfote den Sofabezug? Ein Therapeut kann bei der Ursachenfindung helfen.

Ihr Therapeut sollte Ihnen und Ihrer Katze zuhören und mit Ihnen gemeinsam nach Lösungen suchen.

nach dem Alter, der Vorgeschichte, Krankheiten, der Beziehung zu anderen Tieren oder Menschen, dem Lebensumfeld, den Spiel- und Fressgewohnheiten oder den allgemeinen Haltungsbedingungen. Viele Informationen runden das Bild ab, dabei können Fotos oder Videos recht hilfreich sein.

Auf diesem Wissen aufbauend geben Tiertherapeuten Ratschläge und Empfehlungen in schriftlicher oder mündlicher Form und bleiben in aller Regel mit dem Tierbesitzer auch für einige Zeit in Kontakt, um Lernerfolge oder weitere Maßnahmen zu besprechen. Veränderungen sind nicht immer einfach umzusetzen. Sei es, weil der Halter an seine persönlichen Grenzen stößt, etwa wenn er noch eine zusätzliche Katzentoilette aufstellen soll. Oder sei es, weil die Katze nur ungern Abschied nehmen möchte von lieb gewonnenen Gewohnheiten, auch wenn sie den Menschen noch so stören. Aber alle Verhaltensänderungen beruhen auf Lernen – und das bedarf einiger Zeit und vieler Wiederholungen. Geduld ist also die Grundvoraussetzung für Veränderungen, Konsequenz die andere. Ein guter Verhaltensberater steht in dieser Zeit Mensch und Tier mit Rat zur Seite und für Nachfragen zur Verfügung.

Manchmal hilft aber alles nichts: Wenn Samtpfoten zu Kratzbürsten mutieren, weil sie partout nicht miteinander leben wollen und können, ist es ratsam, sich von einem Tier zu trennen. Das ist für die Besitzer oft eine belastende Entscheidung. Ehrliche, wenn auch schmerzliche Ratschläge zu geben, gehört zu einem vertrauensvollen Verhältnis zwischen Therapeut und Tierhalter dazu. Oft fragen Tierbesitzer nach Möglichkeiten einer homöopathischen oder medikamentösen Unterstützung beim Lernprozess. In vielen Fällen macht das Sinn und kann dazu führen, dass Veränderungen leichter oder besser akzeptiert werden. Und da manche Tierpsychologen auch als Tierheilpraktiker ausgebildet sind, können sie hier ebenfalls qualifiziert beraten. Ansonsten gibt es aber auch häufig Kooperationen und Kollegennetzwerke von Fachleuten mit verschiedenen Ausbildungen, die weiterhelfen können.

LISTE

Auswahl von Weiterbildung und Verbänden

- *Akademie für Tiernaturheilkunde (ATN) Tierpsychologe, Tierhomöopath, tiergestützte Therapie, Hundetrainer: www.atn-ag.ch*
- *Bildungswerk für therapeutische Berufe, Tierheilpraktiker mit Fachrichtung Tierpsychologie: www.btb.info*
- *Animalmundi, Tierhomöopathie und Tierpsychologie: www.animalmundi.com*
- *Paracelsus-Schulen: Tierheilpraktiker: www.paracelus.de*
- *Animal Vision, Ausbildung zum Tierpsychologen: www.animalvision.de*
- *Verband der Tierpsychologen und Tiertrainer e.V.: www.vdtt.org*
- *Kooperation deutscher Tierheilpraktiker e.V.: www.kooperation-thp.de*

LIEBER KATER TOBY UND LIEBER KATER PAUL,

wenn ihr lesen könntet, würdet ihr euch in diesem Buch sicher einige Male wiederfinden. Durch euch habe ich in den vergangenen zehn Jahren so manches graue Haar bekommen, dennoch würde ich euch Racker für nichts in der Welt wieder hergeben. Ganz ehrlich: Trotz all meiner Erfahrungen und unseres langen Zusammenlebens verstehe ich euch auch heute noch nicht immer.
Ihr wart der Anlass für meine Ausbildung zur Tierpsychologin und habt mir durch euer Verhalten und meine Schlussfolgerungen und Maßnahmen darauf, bei der Therapie vieler Katzen und deren Menschen geholfen. Ich hoffe, wir verbringen noch viele stressfreie Jahre miteinander.

LIEBE LESER,

dieses Buch kann kein Ersatz für eine ausführliche fachliche Beratung sein. Und es spiegelt auch nur einige wenige Ausschnitte aus dem komplexen Verhalten unserer Katzen wider. Wenn es dazu beigetragen hat, dass Sie nun Ihre Samtpfote besser verstehen, ist das für mich schon ein großer Erfolg.

Herzlichst Ihre Gabriele Müller

Gabriele Müller ist Tierpsychologin und als bekennender Katzenfan auch auf das Verhalten von Samtpfoten spezialisiert. Sie betreibt eine Beratungsstelle für Katzenverhalten – natürlich unter miauender Mitwirkung von vier eigenen Samtpfoten. Die Journalistin ist bekannt durch Auftritte in verschiedenen TV-Sendungen und veröffentlicht in diversen Medien häufig zu Tierthemen aller Art. Sie ist seit vielen Jahren im Tierschutz engagiert und Vorstandsmitglied eines Tierschutzvereins, zudem hält sie Vorträge und Seminare zu Verhaltensproblemen von Katzen.

Haben Sie Fragen?
www.tierpsychologie-blog.de

Unsere Erfolgsreihen auf einen Blick

Die Reitschule

Heinrich Bergmann-Scholvien, **Arbeit an der Doppellonge**, ISBN 978-3-275-01805-5
Urte Biallas, **Bodenarbeit**, ISBN 978-3-275-01708-9
Kerstin Diacont, **Grundkurs Sitz und Hilfen**, ISBN 978-3-275-01707-2
Kerstin Diacont, **Dressur für Fortgeschrittene**, ISBN 978-3-275-01749-2
Angelika Schmelzer, **Pferde erziehen**, ISBN 978-3-275-01709-6
Angelika Schmelzer, **Reiten im Gelände**, ISBN 978-3-275-01748-5
Britta Schön, **Hufschlagfiguren und Lektionen E bis A**, ISBN 978-3-275-01728-7
Britta Schön, **Mein erster Turnierstart**, ISBN 978-3-275-01777-5
Sabine Schweickert, **Fahren für Einsteiger**, ISBN 978-3-275-01803-1
Viviane Theby, **So lernen Pferde**, ISBN 978-3-275-01804-8
Sigrid Weppelmann/Sandra Mensmann, **Longieren**, ISBN 978-3-275-01727-0
Sigrid Weppelmann, **Basispass Pferdekunde**, ISBN 978-3-275-01750-8
Inga Wolframm, **Angstfrei reiten**, ISBN 978-3-275-01729-4
Inga Wolframm, **Springen für Einsteiger**, ISBN 978-3-275-01776-8

Die Hundeschule

Annegret Bangert, **Begleithundprüfung**, ISBN 978-3-275-01779-9
Ann-Sophie Griebel, **Clicker-Training**, ISBN 978-3-275-01714-0
Micaela Köppel, **Spiel und Spaß für jeden Tag**, ISBN 978-3-275-01732-4
Petra Krivy/Ann-Sophie Griebel, **Ein Hund aus zweiter Hand**, ISBN 978-3-275-01780-5
Petra Krivy/Angelika Lanzerath, **Was ein Welpe lernen muss**, ISBN 978-3-275-01689-1
Petra Krivy/Angelika Lanzerath, **Hunde verstehen**, ISBN 978-3-275-01756-0
Petra Krivy/Angelika Lanzerath, **Einfach gut erzogen**, ISBN 978-3-275-01731-7
Petra Krivy/Angelika Lanzerath, **So geht's nicht weiter**, ISBN 978-3-275-01713-3
Petra Krivy/Angelika Lanzerath, **Mein Hund im Flegelalter**, ISBN 978-3-275-01810-9
Uta Reichenbach/Tanja Sinner, **Agility**, ISBN 978-3-275-01660-0
Uta Reichenbach/Gabriele Lehari, **Sinnvolle Beschäftigung**, ISBN 978-3-275-01645-7
Monika Schaal/Ursula Breuer, **Komm zu mir!**, ISBN 978-3-275-01623-5
Monika Schaal/Ursula Daugschieß-Thumm, **Lockere Leine**, ISBN 978-3-275-01621-1
Julia Schuster/Jochen Schleicher, **Dog Frisbee**, ISBN 978-3-275-01755-3
Beate Schwarz, **Dummy-Training**, ISBN 978-3-275-01690-7
Manuela van Schewick, **Apportieren mit Spaß**, ISBN 978-3-275-01754-6
Christiane Wergowski, **Alleine bleiben**, ISBN 978-3-275-01659-4

happy cats

Nina Ernst, **Willkommen Katze**, ISBN 978-3-275-01781-2
Nina Ernst, **Zufriedene Stubentiger**, ISBN 978-3-275-01760-7
Gabriele Müller, **Miau – Katzensprache richtig deuten**, ISBN 978-3-275-01782-9
Gabriele Müller, **Katzenspiele**, ISBN 978-3-275-01811-6

Jedes Buch mit 96 Seiten,
ca. 80 Abb., broschiert,
je **€** 9,95/sFr 18,90/**€**(A) 10,30